伝承農法を活かす

野菜の植えつけと種まきの裏ワザ

木嶋利男

はじめに

野菜の原産地と家庭菜園の環境は異なる

トマトやジャガイモは南米、サツマイモやトウモロコシは中米、キャベツやブロッコリーなどのアブラナ科や麦類は地中海など、植物には原産地があります。原産地では、種は適期に発芽し、栄養生長で茎葉を茂らせ、次に生殖生長へと転換します（24ページ）。やがて花を咲かせて実を結び、次の世代に受け継がれていきます。また、種が原産地と異なる場所に散布されると、発芽した場所の気候や土壌などの環境条件に適応するための馴化（じゅんか）を始めます。

植物を農作物として栽培するさいには、原産地と同じ条件で育てるのが望ましいですが、栽培環境は必ずしも原産地と同じではありません。そこで、たとえば原産地より養分が少ない土地では肥料を施して補い、気候が異なり病害虫が発生すれば農薬などによって防除しています。

また、植物には栄養生長と生殖生長の矛盾する期間があります。環境などの生育条件がよいと、植物はいつまでも栄養生長を続けてしまい、花を咲かせず子孫を残そうとしません。しかし、生育条件が悪いと速やかに花を咲かせて子孫を残そうとします。1～2年草の植物は、花を咲かせるとその一生が終わります。

植えつけと種まきにより野菜の生育をコントロールする

コマツナやホウレンソウなど葉物野菜、ダイコンやニンジンなどの根物野菜、タマネギやキャベツなどの茎葉野菜は、花が咲いては収穫できませんので、花が咲かないように、野菜本来の生理・生態に反する時期に植えつけや種まきを行います。

逆に、トマトやナスなどの実物野菜は、栄養生長から生殖生長に転換して花が咲かないと収穫できませんので、花芽分化を促進するため、あえて生育に不適な環境で栽培します。人間は、利用目的に合わせて、野菜の植えつけや種まき、栽培を行ってきたのです。

農業は、植物のもつ本来の生理・生態を、そのまま栽培に用いるのではなく、食料を安定して得るために、植物を上手にコントロールしています。

特に、苗7分作といわれるように、苗の植えつけや種まきは、野菜の環境適応性が最も高い時期に行われる作業であるため、その後の生育に大きな影響を及ぼします。植えつけや種まきの方法で、野菜の出来不出来が決まるといっても過言ではありません。また、植えつけや種まきの方法を変えることで、味をよくしたり、収穫量を増やしたりするなど、野菜の生育をさまざまにコントロールすることもできます。

原産地の環境条件と異なる土地で栽培するために開発された「植えつけ」や「種まき」の時期や方法を科学的に知って野菜を栽培すると、新しい家庭菜園ライフの楽しみが広がるでしょう。

木嶋利男

もくじ

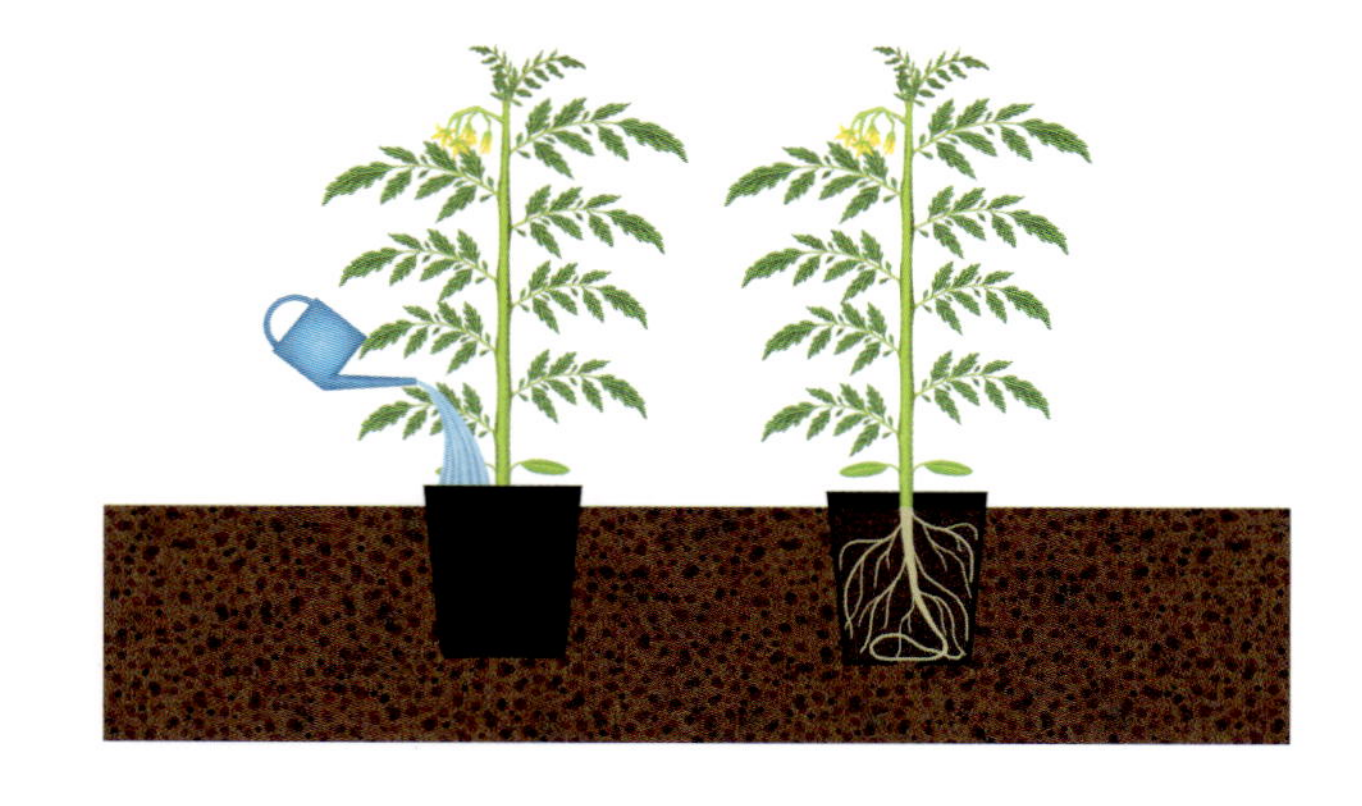

第2章 植えつけと種まきの基礎知識 …… 161

第1章

植えつけと種まきの裏ワザ

トマト

●分類　ナス科
●原産地　南米アンデス

水分が多くなりすぎないように管理する

トマトは、18～28℃の温暖な気候を好みます。33℃以上になると生育が悪くなり、花粉の受粉率が極端に下がります。そのため、梅雨明け後の盛夏期に開花すると、結実しにくくなります。

原産地のアンデス山地は、雨が少なく、霧が頻繁に発生します。そこで、茎葉に絨毛（じゅうもう）が発達し、水分を吸収できるよう進化しました。そのため、水分が多い環境で栽培すると、茎葉からも水分を吸収し、枝葉が茂りすぎてしまいます。そして、養分が果実ではなく茎葉の生長に使われてしまいます。また、果実が水っぽくなり、糖度も下がります。日本で露地栽培する場合、雨の多い時期と重なるため、支柱を立て透明なビニールフィルムで雨よけすると、品質が高まります。

種から育てる場合、苗の植えつけの60～70日前に、種を播種箱に条まきし、本葉が1・5枚に生育したらポリポットに鉢上げします。そして、本葉が7～9枚展開し、最初の花が咲いたら植えつけます。市販の苗を利用してもかまいません。

植えつけ当日はたっぷり灌水し、十分に吸水させます。花はすべて同じ方向につくため、収穫しやすいよう花を通路側に向けて植えます。植えつけ後はややしおれますが、水は与えません。4～5日して活着したら、支柱に誘引し紐で固定します。葉のつけ根からは脇芽が盛んに発生するため、茂りすぎないよう手でかき取ります。

基本の植えつけ

植えつけ当日の朝に水を張ったバケツにポットを入れ、ブクブクと空気が抜けるまで水に浸す。その後バケツから出し日陰に2～3時間放置し、午前中に植えつける
本葉1.5枚になったらポットに鉢上げする
播種箱に、1㎝間隔で種をまく
トマトが過繁茂にならないよう、通路部分には肥料分が混ざらないようにする
花が通路側に向くように植える
株間60㎝
条間60㎝
前作が野菜だった畑は残肥があるため、施肥量は若干少なくする
畝幅90㎝
畝高10㎝
植えつけ後3～4日は根が水を求めて地中に深く伸びるよう水やりはしない
ビニールフィルムなどにより雨よけをすると、高品質のトマトを収穫できる

植えつけ時期

一般地　4月下旬～5月中旬
寒冷地　5月中旬～6月上旬
温暖地　4月上旬～4月下旬

畑の準備

植えつけの3週間以上前に、畝の部分に完熟堆肥と、油粕や米ぬかなどの有機質肥料を施用してよく耕し、土と有機物をなじませる。

裏ワザ 1

ポットそのまま植え

甘みが増し、病害が減る

トマトは、水分が多いと糖度が低くなります。そのため、果実を甘くしたければ、水分を抑えて栽培します。もっとも簡単なのは、ポリポットに植えられた苗をそのまま畑に植えつける方法です。ポットによって根が伸びる範囲が制限されるため水分吸収量が減り、トマトの糖度が高くなります。また、根が土中の病原菌に触れにくくなるので、病気も発生しにくくなります。ただし、根の伸長が制限されるため、茎葉の伸長は遅れ、着果数も少なくなります。

苗は、普通栽培と同じように用意して、しっかりと吸水させます。植えつけ前には、植え穴にもしっかりと灌水し、苗をポットに入れたまま土に植えつけます。植えつけ後にも、ポットの鉢底の穴から土の中に水が流れ出るよう、十分に灌水します。

トマトはポットに遮断されて、根を自由に伸ばせません。唯一、鉢底の穴から根を土の中に伸ばします。鉢底の穴から根が伸長するまでは、水分不足となり、苗は日中しおれます。そのままでは枯死するので、晴天が続く場合はこまめに灌水します。

日中しおれなくなると、鉢底から根が出て活着した合図です。その後は乾燥気味に管理して水やりは控え、下葉が内側に巻き、土壌表面が白く乾燥するようになったら灌水します。

※植えつけ時期／畑の準備／株間・条間・畝高・畝幅は、11ページに準じる。

どう植える？

9cmのポリポットで育てられた苗を、畑にそのまま植えつける
乾燥したら、水をやる
ポット内の土の表面と畑の表面の土の高さを同じにする

こうなる！

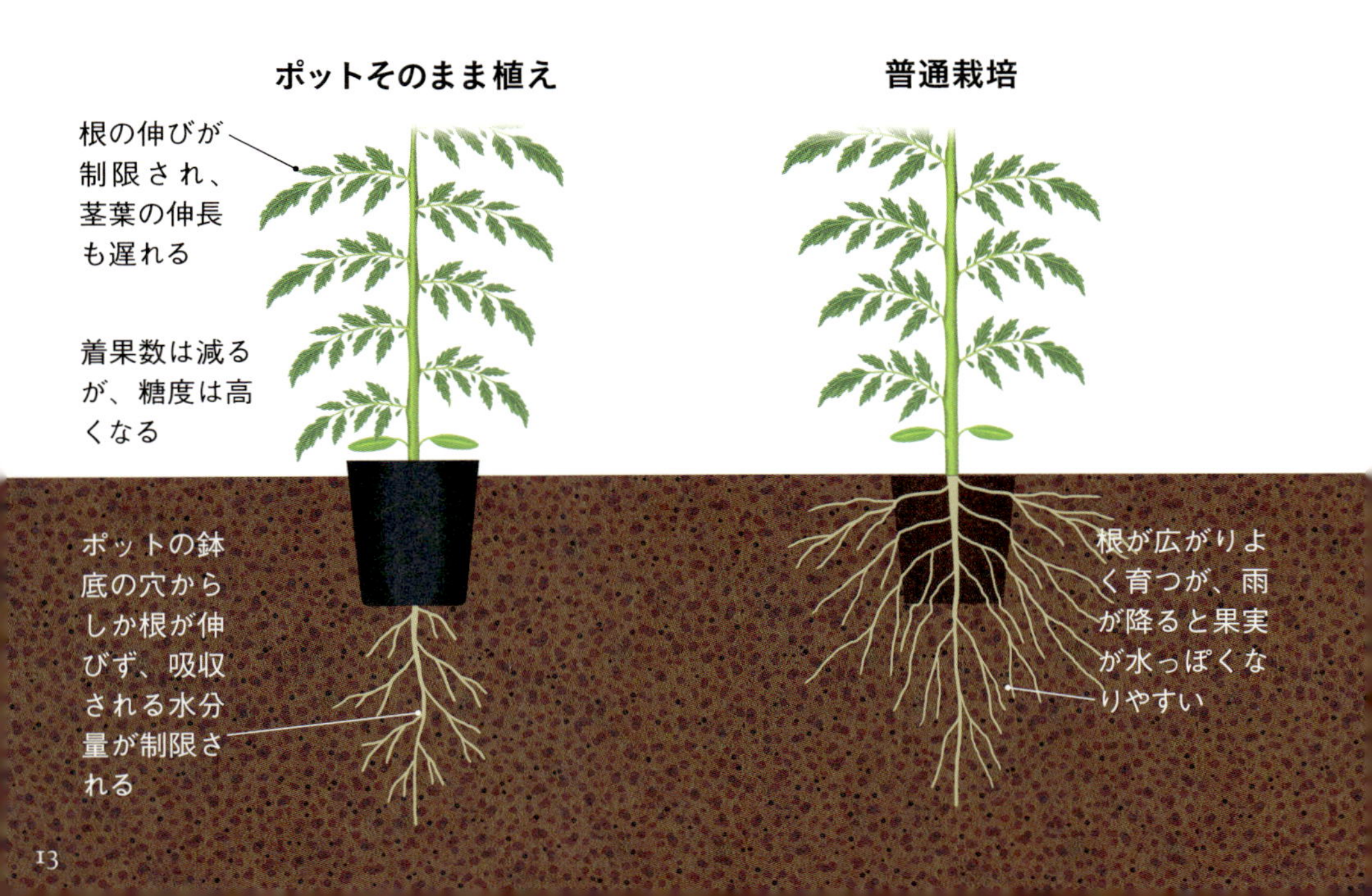
ポットそのまま植え
普通栽培
根の伸びが制限され、茎葉の伸長も遅れる
着果数は減るが、糖度は高くなる
ポットの鉢底の穴からしか根が伸びず、吸収される水分量が制限される
根が広がりよく育つが、雨が降ると果実が水っぽくなりやすい

裏ワザ②

カチカチ植え

生育が安定し、糖度が高まる

降雨などによって土が過乾・過湿を繰り返すと、トマトの果皮が厚くなり、糖度が高くなりません。そこで、畑の表面を鎮圧してカチカチに固めることで、雨水を染み込みにくくします。団粒構造がつくられた土壌なら、表面が固められても、5～10cm以下の下層の土は、やわらかくほどよく湿った状態が維持されます。このような畑でトマトを育てると、深いところに根を伸ばすので生育が安定し、高糖度の果実を収穫できます。

ただし、土壌表面がカチカチに固まっているため、生育途中で、水分や養分の補給ができません。そこで、追肥なしでも十分に育つよう、土づくりが重要になります。植えつけ前には、完熟堆肥を通常の2倍(1㎡当たり2～3kg)、有機質肥料を1・5倍(1㎡当たり300～400g)を施用し、深くよく耕します。次に、十分灌水し、麦踏みローターや足などでしっかり鎮圧します。灌水と鎮圧は2～3回繰り返し、土壌表面をカチカチにします。表面はかたいので、移植ごてなどを用い、ポットよりやや大きい直径10～15cm、深さ15cm、株間60cmの植え穴を掘ります。

苗は、普通栽培と同じように用意します。植えつけ当日は、水を張ったバケツに苗をポットごと浸け、水から出して日陰に2～3時間放置し、十分に吸水させます。その後、ポットから取り出し、根鉢が崩れないよう植えます。

※植えつけ時期／株間・条間・畝高・畝幅は、11ページに準じる。

どう植える？

鎮圧と灌水を繰り返し、土の表面をカチカチに固める

植え穴を掘り、十分に吸水させた苗を植えつける。植えつけ時には灌水しない

5～10㎝

土の団粒構造がつくられていれば、表面が固まっても、地中はふかふかの状態が維持される

こうなる！

カチカチ植え

土がかたいのは深さ5～10㎝くらいまで。その下はやわらかく水分量も一定で、トマトの生育は安定する

根は、浅いところには伸びず、地中深くに伸びる

普通栽培

土は全体的にやわらかい

雨が降ると、水が染み込んで地中の水分量が増える。逆に地表が乾燥すると、地中の水分量が減り、トマトの生育が安定しない

根は横にも広がる

裏ワザ③

高畝&根域制御植え

高糖度の果実が収穫できる

※植えつけ時期／畑の準備／株間・条間は、11ページに準じる。

ポットそのまま植え（12ページ）と同じように、水分の吸収量を抑えて、トマトの糖度を高めるための植えつけ方法です。根が長く伸びると水分吸収量も増えるので、根域を制限する目的で高畝をつくったり、遮根シートを敷いたりします。

土づくりは普通栽培と同じように行います。そして、畝を立てる場所を15～20cm掘り下げ、遮根シートを敷き、再び土を戻し、さらに15～20cmの高めの畝を立てます。畝を立てずに遮根シートを敷くだけでも、あるいは遮根シートは敷かずに高畝にするだけでも、トマトの根が張れる範囲を制限する効果があります。

苗は普通栽培と同じように準備して株間60cm2条で植えつけ、水を十分与えます。普通栽培では、トマトが水を求めて根を伸ばすよう、定植後4～5日は水やりを控えますが、高畝&根域制御植えでは、根が伸びすぎないよう水を与えます。ただし、果実の水分量は少なくしたいので、活着後は水やりは控えて乾燥気味にし、下葉が内側に巻き、土壌表面が白く乾燥したら灌水します。また、必ずビニールフィルムで雨よけし、周囲には深さ20cm以上の溝を掘り、雨水の流入を防ぎます。

水分吸収が抑えられるので、葉は茎も細めに育ちますが、果実の糖度は高くなります。ただしサイズは小さめで、収量もやや減少します。

どう植える？

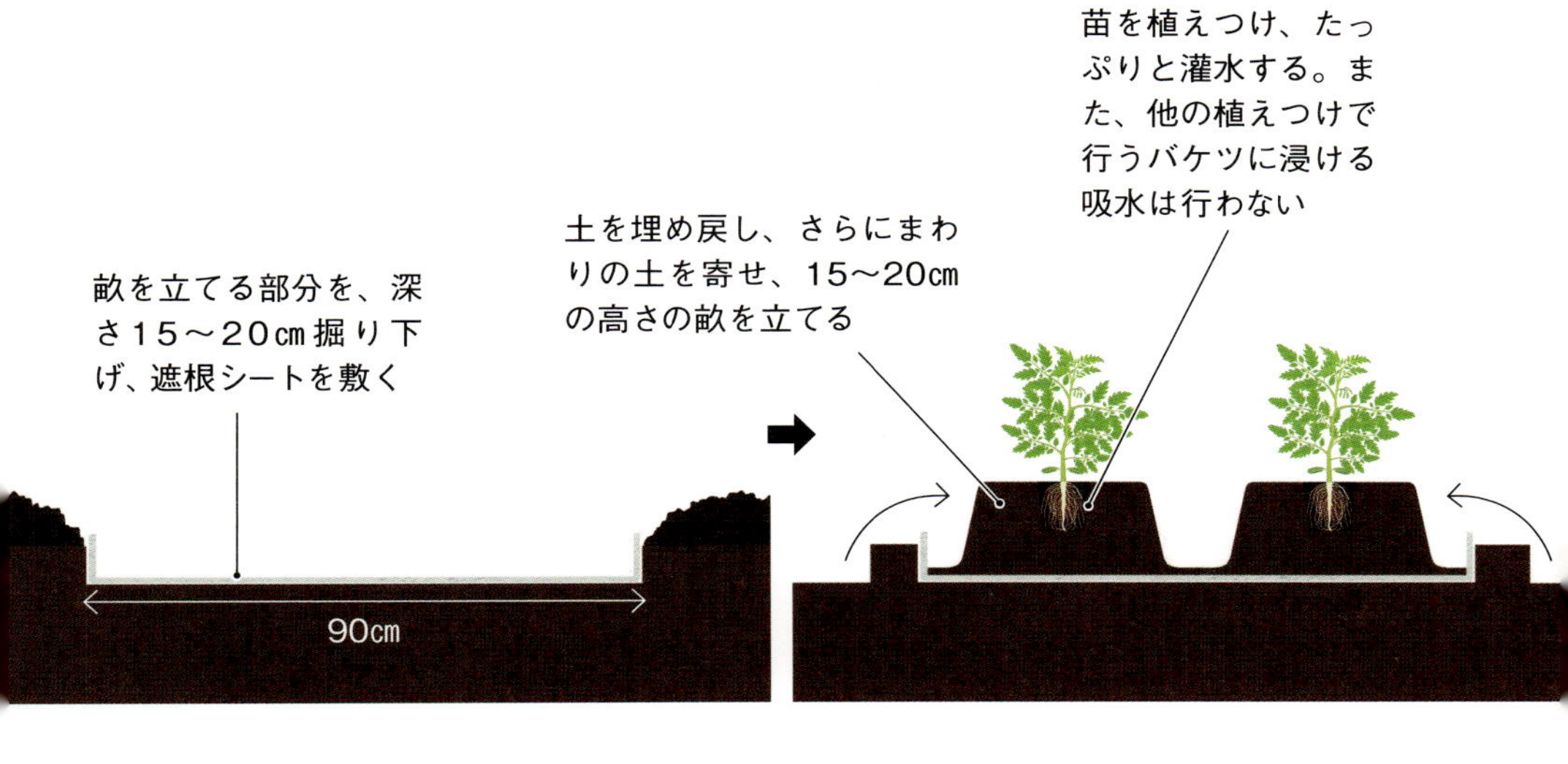
畝を立てる部分を、深さ15～20㎝掘り下げ、遮根シートを敷く
90㎝
土を埋め戻し、さらにまわりの土を寄せ、15～20㎝の高さの畝を立てる
苗を植えつけ、たっぷりと灌水する。また、他の植えつけで行うバケツに浸ける吸水は行わない

こうなる！

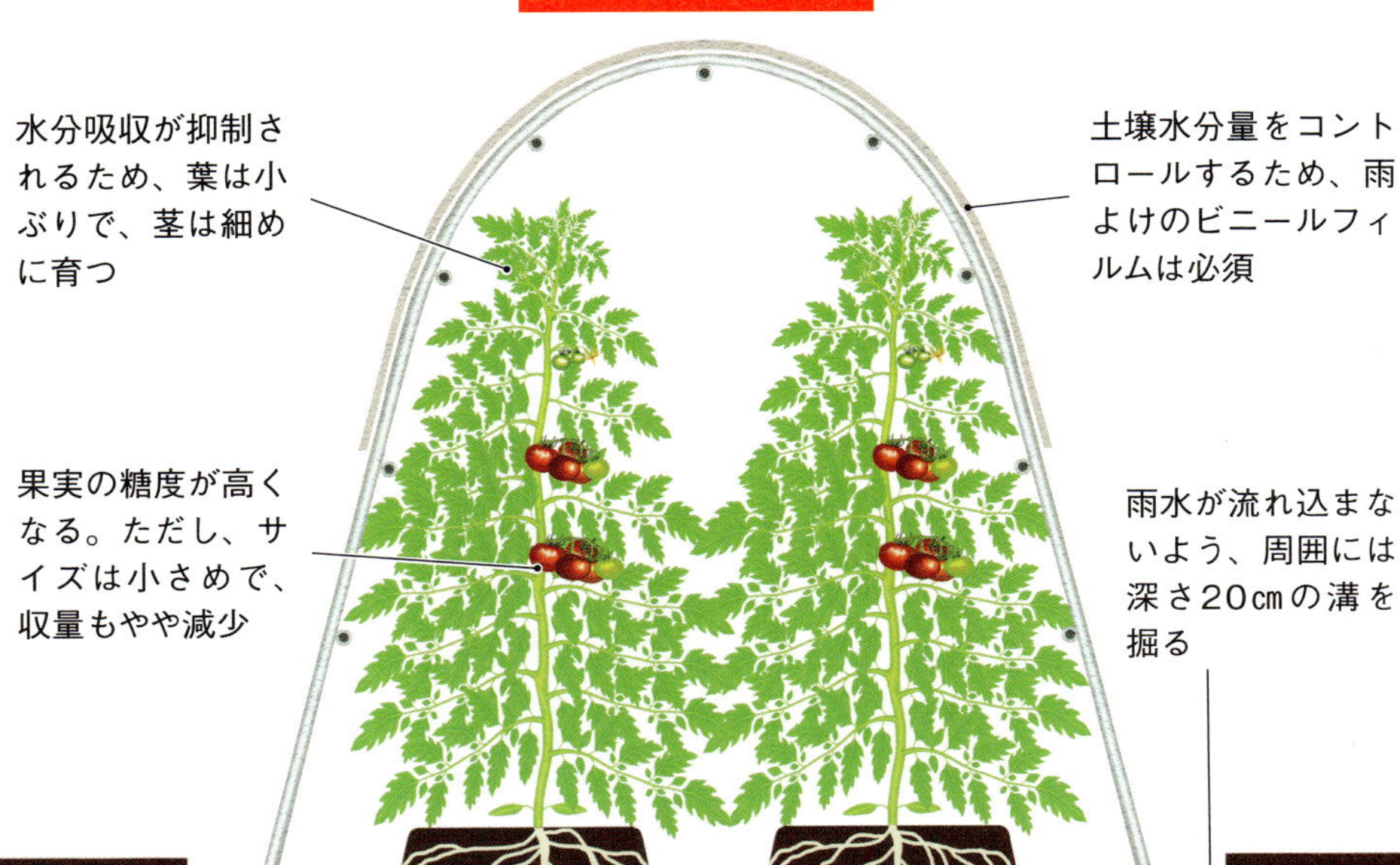
水分吸収が抑制されるため、葉は小ぶりで、茎は細めに育つ
土壌水分量をコントロールするため、雨よけのビニールフィルムは必須
果実の糖度が高くなる。ただし、サイズは小さめで、収量もやや減少
雨水が流れ込まないよう、周囲には深さ20㎝の溝を掘る

裏ワザ④

寝かせ植え

収穫量が増え、病害虫にも強くなる

トマトは、土や水分があると、茎からも不定根という根を発生させます。不定根が多いと養水分の吸収が増えて草勢が強くなり、着果数が多くなります。また、収穫期間も長くなります。

そこで、不定根をたくさん発生させるため、茎を斜めに寝かせ、第1葉の部分まで深く植えます。こうすることで、たくさんの果実を長期間収穫できます。ただし、果実の糖度は低くなります。

ポットそのまま植え（12ページ）などは、果実の味を重視した植えつけ方法ですが、寝かせ植えは、収量を増やすことを重視しています。

苗は、普通栽培と同じように用意します。寝かせ植えは、茎を地中に埋めるため、接ぎ木苗では行えません。そのため、必ず自根苗を準備します。植えつけ当日は水を与えず、やや乾燥気味にしておきます。畑には、畝に沿って深さ5〜10㎝、底の幅20㎝の植え溝を掘ります。

寝かせ植えでは、ポットから取り出した苗は、根鉢を崩して広げ、第1葉が埋まるように寝かせて植えつけます。植えつけ後は、十分に水を与えます。こうすることで、茎からの不定根の発生が促され、草勢が強くなります。また、病害虫への抵抗力も高まります。

なお、スペースがとれずに寝かせ植えが難しい場合は、根鉢を崩さずに第1葉が埋まるように、「深植え」をすれば、同じ効果を得られます。

※植えつけ時期／畑の準備／条間・畝高・畝幅は、11ページに準じる。

どう植える？

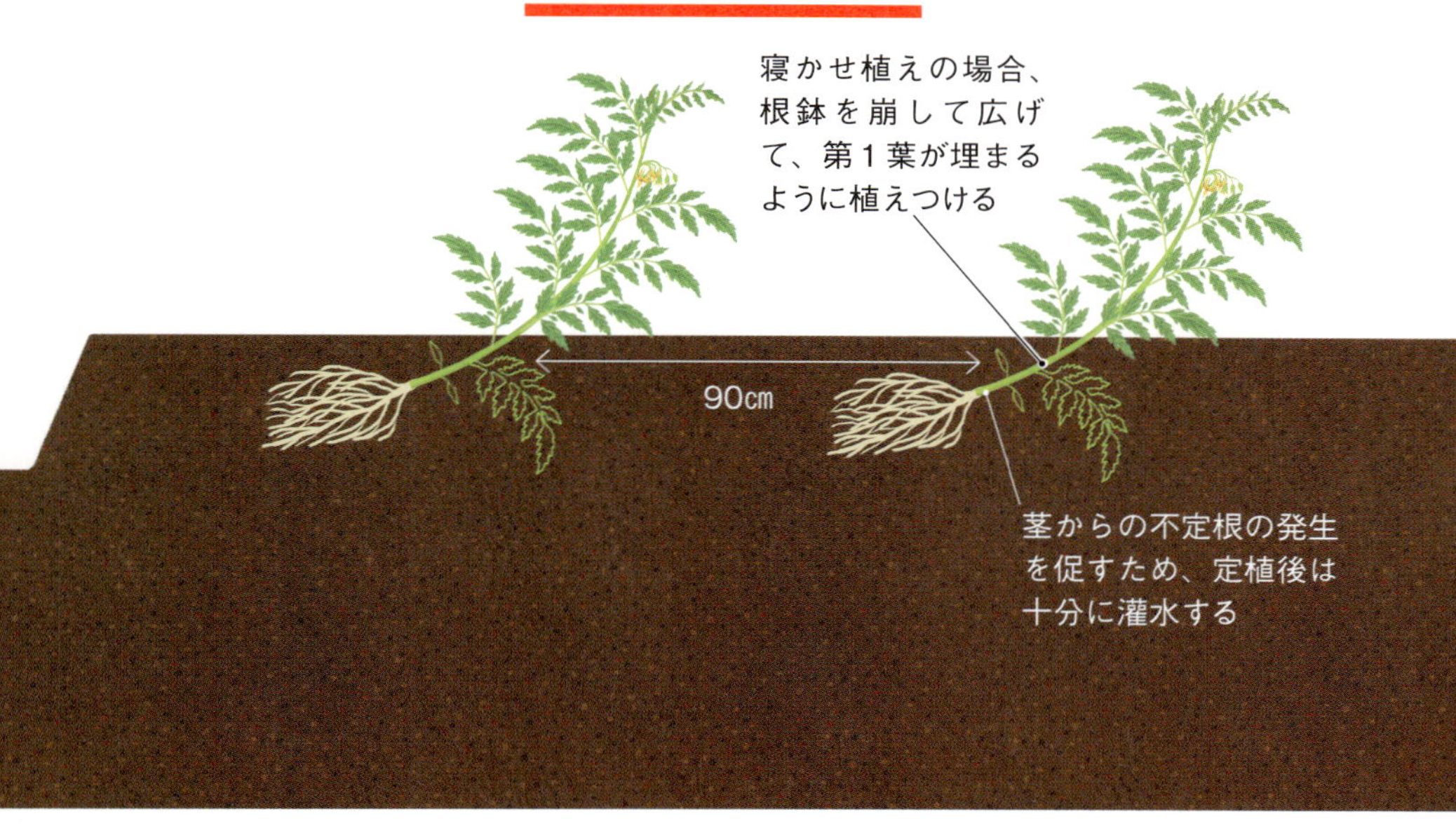
寝かせ植えの場合、
根鉢を崩して広げ
て、第1葉が埋まる
ように植えつける
90㎝
茎からの不定根の発生
を促すため、定植後は
十分に灌水する

こうなる！

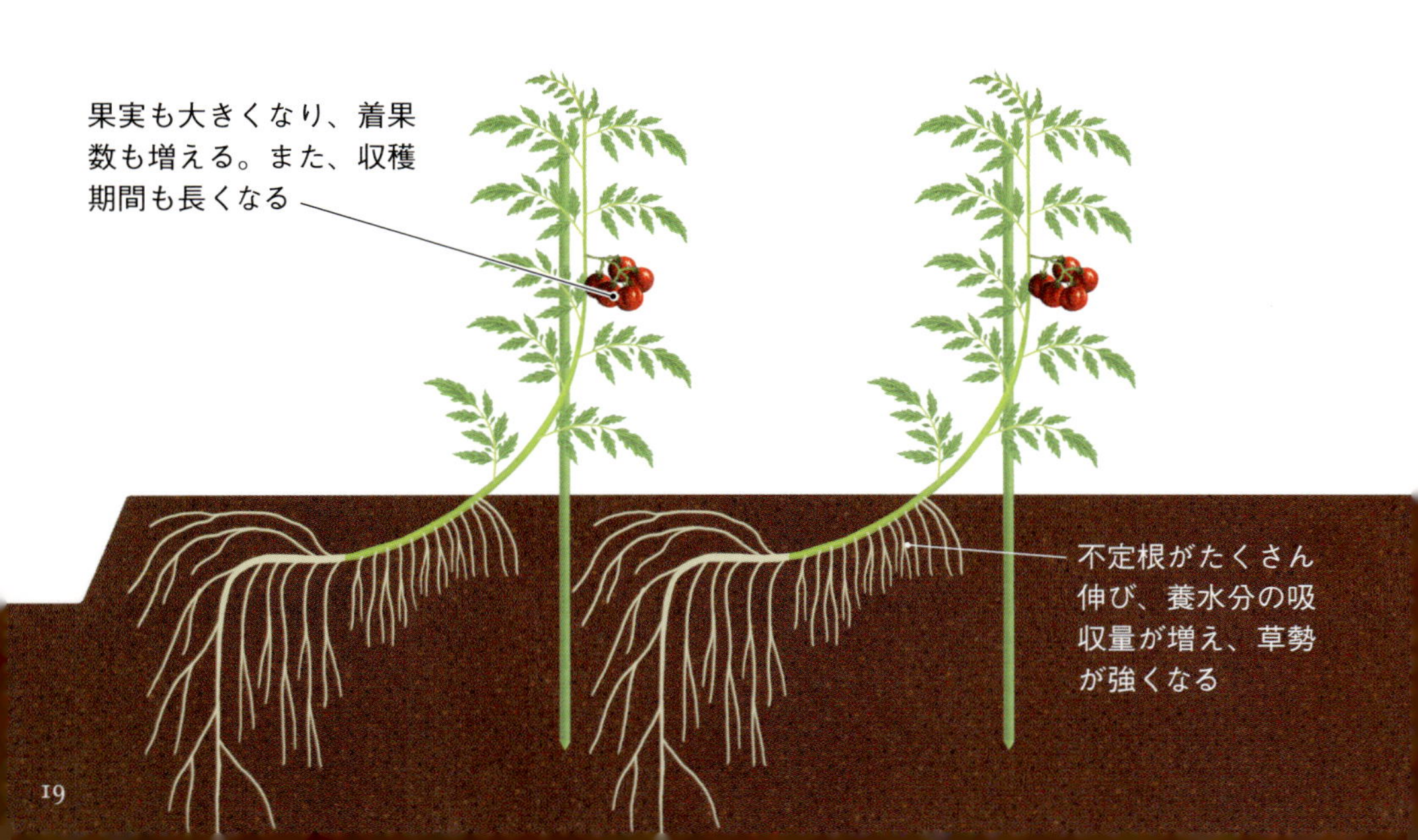
果実も大きくなり、着果
数も増える。また、収穫
期間も長くなる
不定根がたくさん
伸び、養水分の吸
収量が増え、草勢
が強くなる

裏ワザ5

根切り植え

老化した苗が若返り、長く収穫できる

ホームセンターなどで購入したトマトの苗は、老化している場合があります。また、自分で苗を育成した場合でも、降雨などによって畑の準備や植えつけが遅れ、苗が老化してしまうことがあります。

そのような老化苗は、ポットから取り出して根を切ることで、若返らせることができます。

苗が老化したかどうかの目安の一つは、根鉢の表面の根の色です。根がポット全体に伸長し、根鉢を形成すると、表面の根は老化して褐色になり、このまま植えると活着が悪くなります。

そこで、ポットから取り出した苗は、土をよく落として、主根1本だけを残すように、根の3分の2を手で切り取るか、あるいはハサミで切り取ります。その後、普通栽培と同じように植えつけます。

細根がほとんどなく活着しにくいため、植えつけ後は十分に灌水します。しおれなくなったら活着した合図なので、支柱に誘引します。

普通栽培に比べて根の活着が遅れるため、初期生育は若干悪くなります。活着すると、若い新しい根を土の中に伸ばし、養水分を盛んに吸収します。生育は徐々によくなり、やがて普通栽培より旺盛に育つようになります。

ただし、草勢が強くなりすぎないように、追肥は控えめにします。

※植えつけ時期／畑の準備／株間・条間・畝高・畝幅は、11ページに準じる。

どう植える？

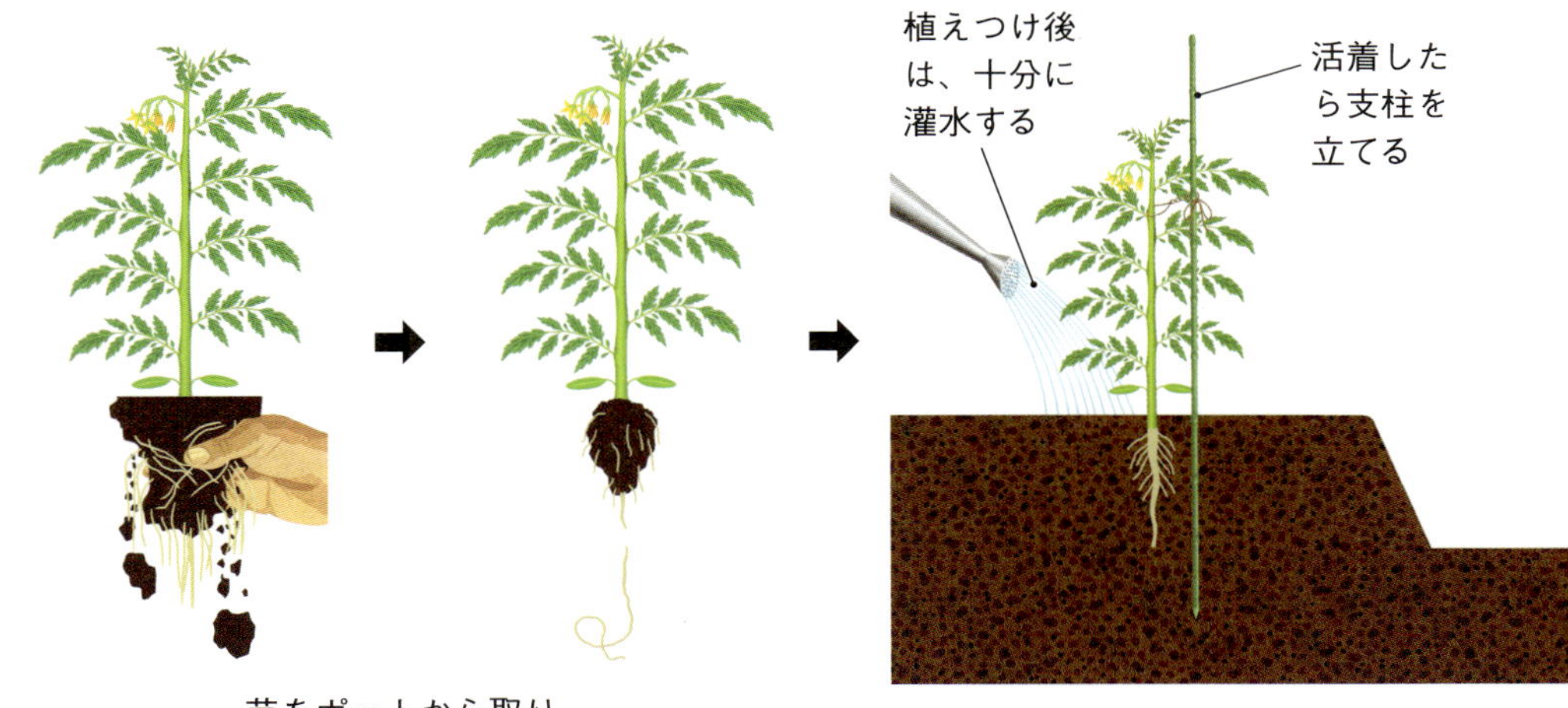
植えつけ後は、十分に灌水する
活着したら支柱を立てる

苗をポットから取り出し、土を落とし、根を２／３切る

こうなる！

根切り植え
初期生育は若干悪くなるが、やがて普通栽培より生育が旺盛になる
普通栽培
若い新しい根が伸び、養水分を盛んに吸収する

裏ワザ⑥

脇芽植え

若い株に更新し、長期間収穫できる

トマトは、株が老化すると果実の品質が落ちて収量も減ります。そこで、植えつけ後に生えてくる脇芽を利用し、挿し芽で新たな苗をつくり、若い株から次々と果実を収穫できるようにします。最初に植える苗が1本だけでも、途中から株数が増えていくので、畑は10本以上植えられるよう広めに準備します。最初の苗は、自身で育てたものでも、購入したものでも構いません。

最初の苗は普通栽培と同じように植えつけます。そして、普通栽培では摘み取る脇芽を生長させ、脇芽が2枚以上展葉したら、つけ根から横に曲げて折り取ります。脇芽からは花芽も発生しており、花が畝の外側を向くように、60㎝間隔で畑に挿します。最初に植えた株からは、次々と脇芽が伸長するので、大きくなりしだい、同じように挿し芽をします。

当初はややしおれますが、4～5日で発根し立ち上がります。そして、さらに4～5日生育させ支柱に誘引します。

普通栽培で複数の株を育てると、植えつけ時期が同じなら収穫期も重なります。しかし、脇芽の挿し芽植えでは、挿し芽をした順に生育が4～5日ずつずれ、果実も順番に収穫できます。また、挿し芽繁殖した株から脇芽をとり、さらに挿し芽をすることもできます。そのため、次々と若い元気な株に更新することができます。

※植えつけ時期／畑の準備／株間・条間・畝高・畝幅は、11ページに準じる。

どう植える？

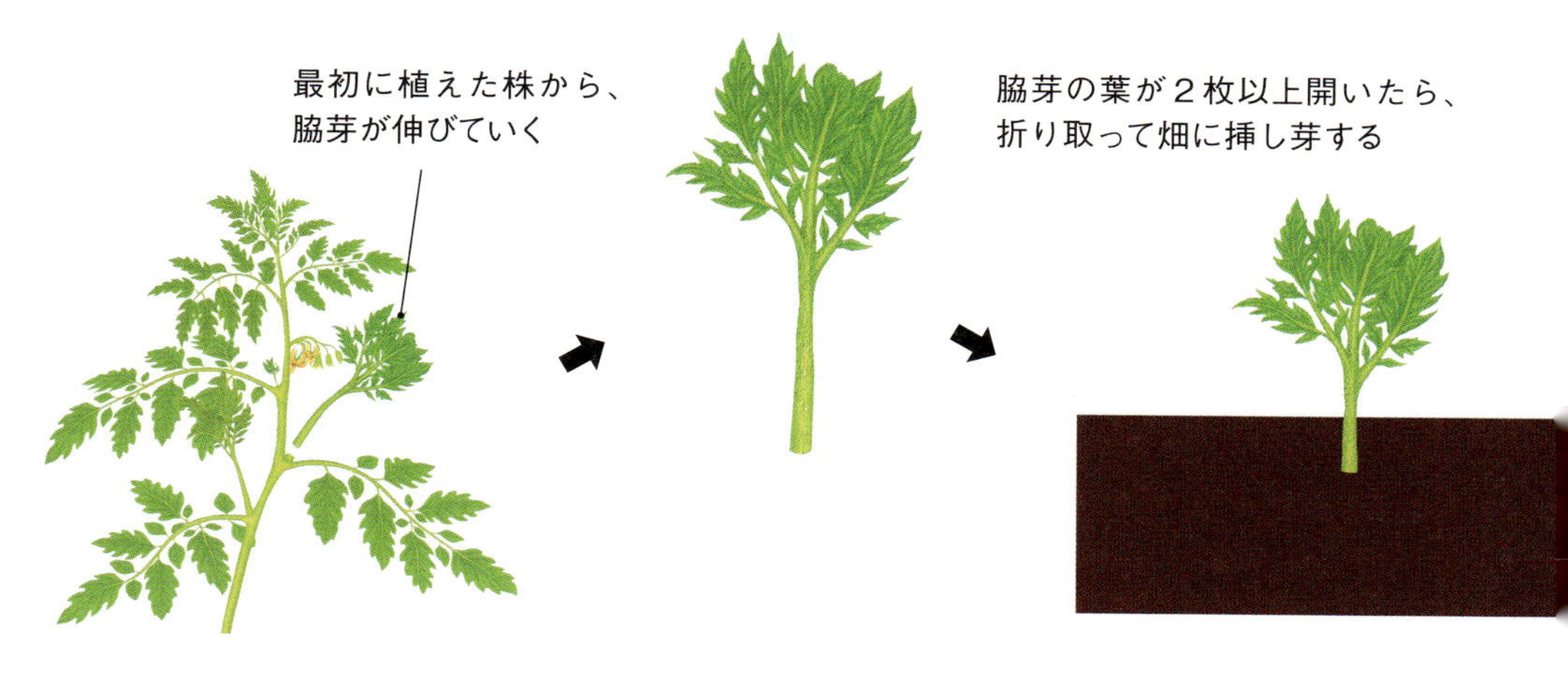
最初に植えた株から、
脇芽が伸びていく
脇芽の葉が２枚以上開いたら、
折り取って畑に挿し芽する

こうなる！

最初に植えた株
挿し芽をした株から、
さらに脇芽を採って挿
し芽をすることも可能。
高品質の果実をつける
若い株に、次々と更新
できる
挿し芽した株
が生長する。
最初に植えた
株とは生育が
ずれるため、
果実は順番に
収穫できる
60㎝

裏ワザ⑦

セル苗植え

草勢が強くなり、果実が大きくなる

小さなセル苗を畑にそのまま植えつけることで、草勢の強い株に育てる栽培方法です。

トマトには、自身の茎葉を大きくする栄養生長と、花を咲かせて実をならす生殖生長という二つの生育段階があります。開花以前は栄養生長期で、草勢が強くなります。一方、開花期以降は生殖成長に移行し、草勢はやや低下します。

通常、トマトは最初の花が咲いて、生殖生長に移行した後に植えつけます。一方、セル苗植えでは、栄養生長期に植えつけるため、草勢が強くなり、果実も大きくなります。ただし、生殖生長への転換が行われにくくなるため、花房の3段以降は、花数が少なくなるか、段とび（果実のならない段が発生）する場合があります。

種は、セルトレーに1粒ずつまき、発芽まで23℃以上で管理します。発芽したら18～23℃のやや低温で管理し、健苗に育成します。本葉3枚に生育したら、苗をセルから取り出し、根鉢を崩さないよう畑に植えつけます。

苗が小さく、根が十分に土の中に伸長しないため、活着まではこまめに水を与えます。セル苗の植えつけは、花芽の方向が未確定の時期に行います。そこで、本葉が7～9枚開いて最初の花が咲いたら、折れないように茎をねじり、花が外側に向くよう支柱に誘引します。開花後も草勢が強いため、誘引後の水やりは極力控えます。

※畑の準備／株間・条間・畝高・畝幅は、11ページに準じる。

どう植える？

種はセルトレーに１粒ずつまき、
発芽までは23℃以上で管理

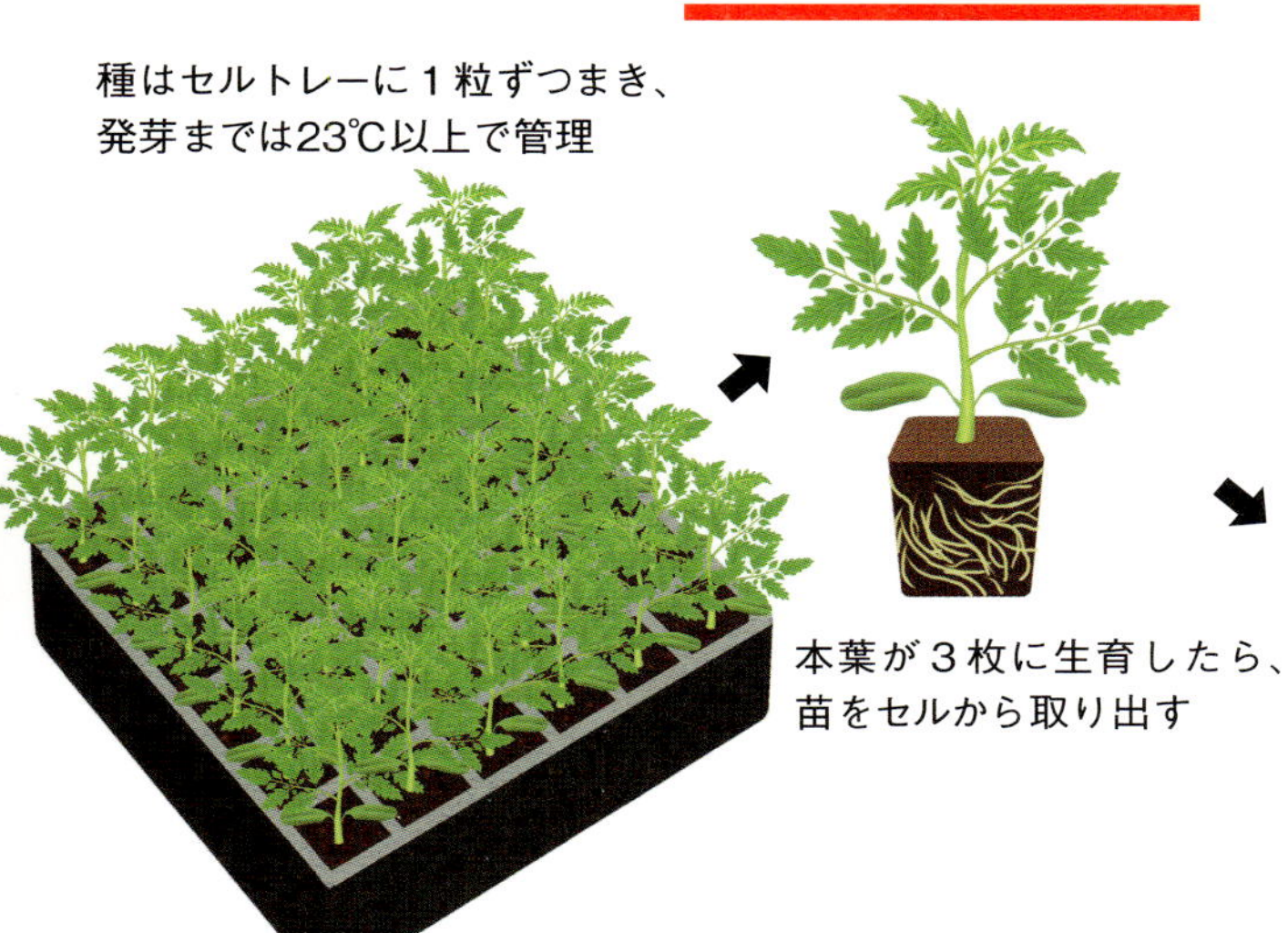

本葉が３枚に生育したら、
苗をセルから取り出す

根鉢を崩さないように畑
に植えつける

こうなる！

セル苗植え

草勢が強くなる

２段までは通常
通り開花する
が、３段以降は
段とびしやすい

果実が大きくな
る。ただし、糖
度は低めになる

セル苗は、大きく
育てた苗に比べ、
根が深く広範囲に
伸長する

普通栽培

セル苗植えに
比べ草勢が弱
い

裏ワザ⑧

オリジナルトマトを育成できる

果実丸ごと植え

大玉トマトの多くは、異なる性質の親同士を交配させたF1（一代交雑）品種です。F1品種はすべて同じ性質に育ちますが、その次の代になると、さまざまな性質の株が育ちます。そこで、トマト（F1）を丸ごと畑に植えれば、多様な形質の芽が出てくるため、畑に適していたり、自分好みの性質の株を育てることができます。

トマトを丸ごと植える場合、温度が高いうちに土に埋めると秋のうちに発芽し、冬に枯れてしまうので、気温が12℃以下になる晩秋が適期です。菜園で完熟したトマトや、購入したトマトを深さ5〜10cmに丸ごと埋めます。土の中で越冬し、春先になると、たくさんの芽が出ます。

芽を間引かず、そのまま生育させると、畑の環境に合う強い株だけが残ります。また、1株ごとに移植すると、いろいろな形質の株を育てられます。大玉系統のF1品種から育った苗は、発芽が早いものは小玉系、遅いものは大玉系である傾向が強いようです。ミニトマト系統は固定種が多く、すべてが同じような形質になります。

植物は、土壌や気候など周囲の環境に適応しながら育ちます。そのため、自家採種を2〜3年繰り返すと、菜園だけのオリジナルトマトが育成できます。自家採種する場合、完熟した果実をつぶし、種を取り出し水で洗って乾燥させます。種を分譲するさいは、種苗法に従ってください。

※発芽後の管理や、植えつけ時期／畑の準備／株間・条間・畝高・畝幅は、11ページに準じる。

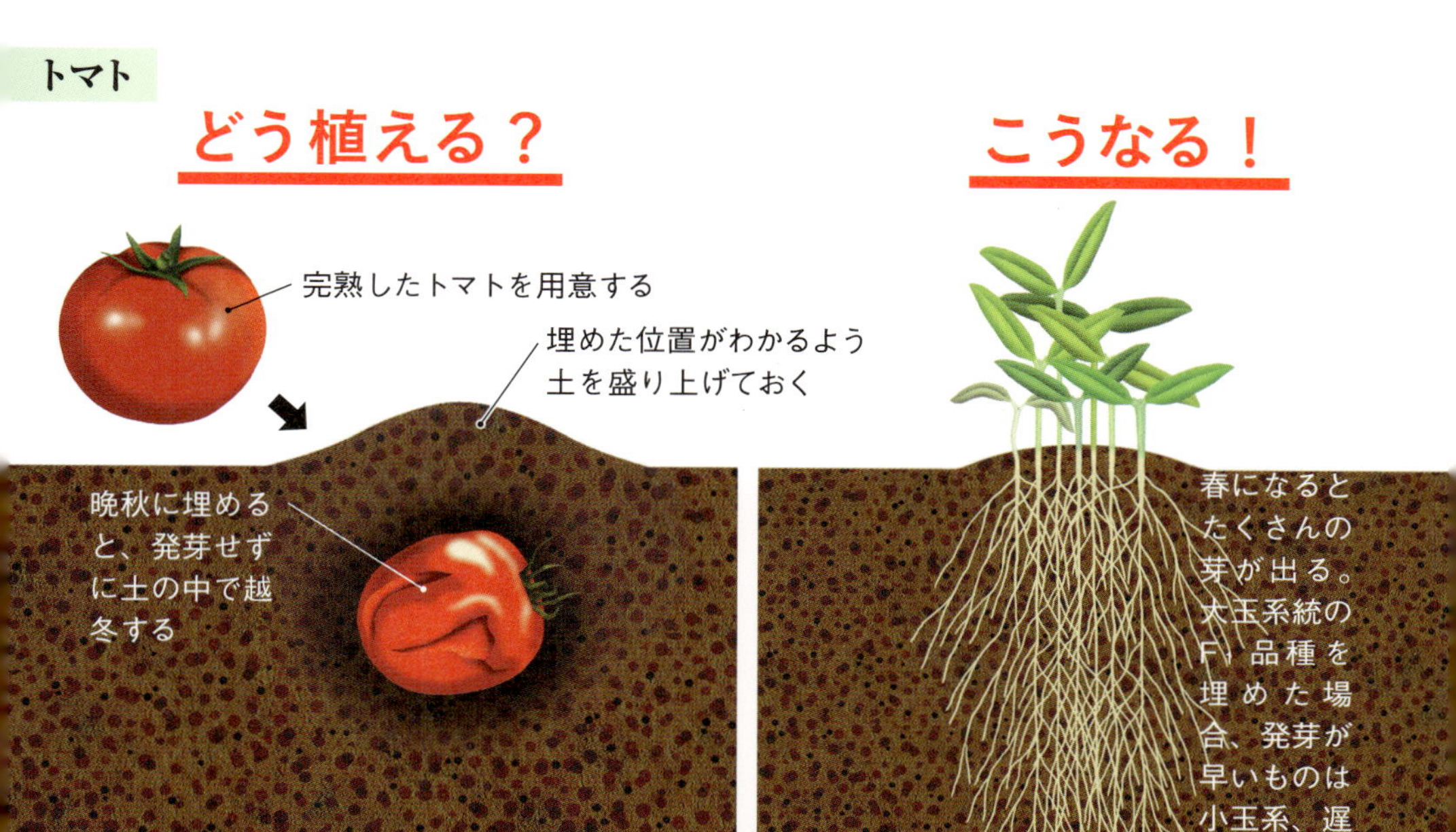
どう植える？
こうなる！
完熟したトマトを用意する
埋めた位置がわかるよう
土を盛り上げておく
晩秋に埋めると、発芽せずに土の中で越冬する
春になるとたくさんの芽が出る。大玉系統のF1品種を埋めた場合、発芽が早いものは小玉系、遅いものは大玉系である傾向が強い

F_1品種の親と子の関係

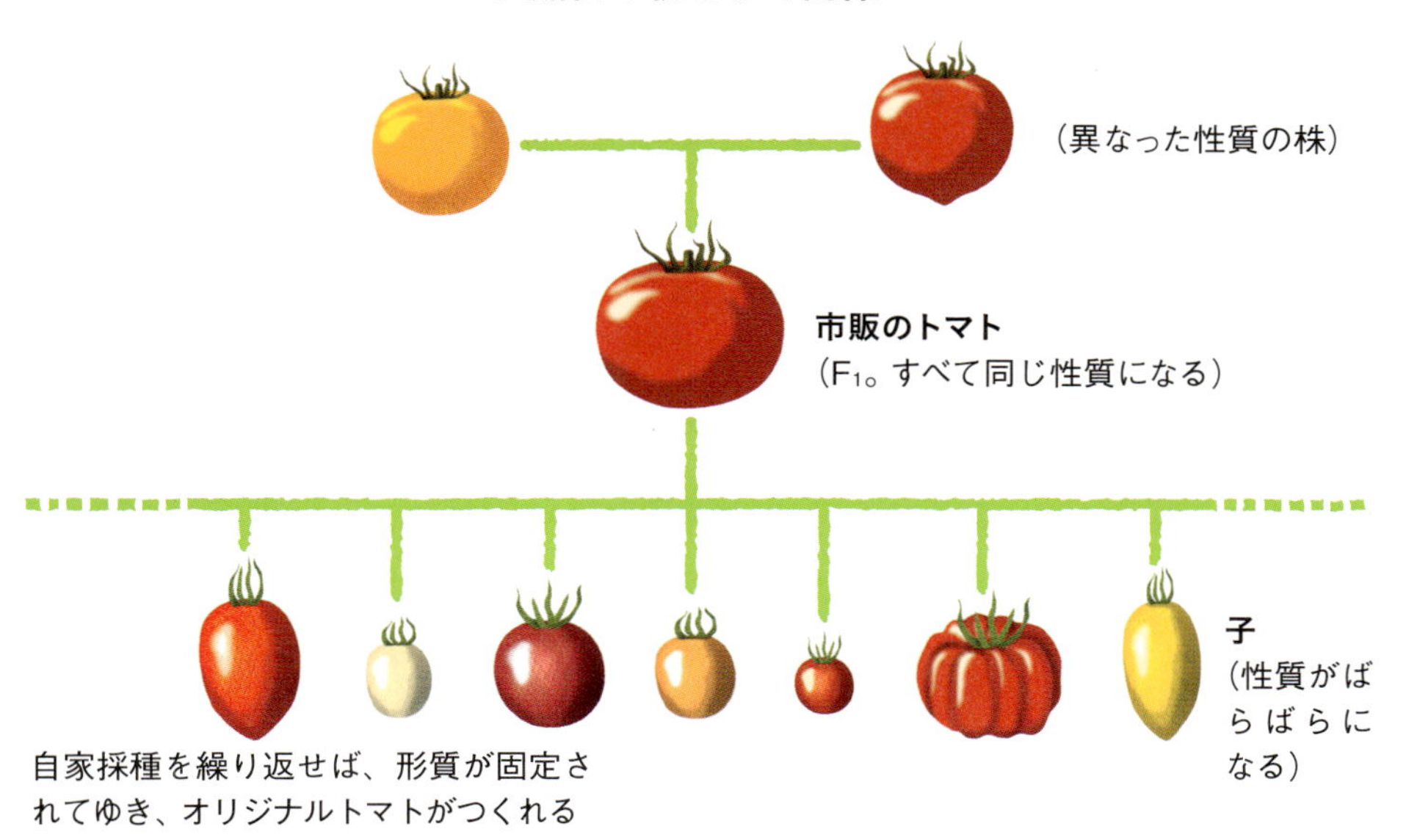
（異なった性質の株）
市販のトマト
（F1。すべて同じ性質になる）
子
（性質がばらばらになる）
自家採種を繰り返せば、形質が固定されてゆき、オリジナルトマトがつくれる

ナス

●分類　ナス科
●原産地　インド東部

たっぷりと水を与え追肥をする

ナスは、23～28℃の高温・多湿な気候を好みます。原産地のインド東部から北上し、華南系の長ナス、華北系の丸ナスの2系統に分化して、日本には両系統が渡来しました。

発芽には高温が必要なため、種から育てる場合は、植えつけの60～70日前に播種箱に条まきし、23～28℃で管理します。本葉1枚程度に生長したらポリポットに鉢上げして18～23℃のやや低温で管理し、本葉6～7枚で植えつけます。市販の苗でもかまいません。

植えつけは、晴天の午前中に行います。当日の早朝、水を張ったバケツにポットごと浸し、十分に吸水させます。植えつけ後3～4日は、水を求め根が深く伸びるよう水は与えません。

根が活着したら支柱に誘引します。主茎と脇芽2～3本を伸長させ、他の脇芽はすべて摘み取ります。また、草勢を強くするため、第1花は小さいうちに摘み取ります。「ナスは水でつくる」といわれるように、水をたくさん吸収するので、収穫が始まったら、早朝にたっぷり灌水します。また、果実は次々と収穫できるため、肥料切れさせないように、半月に1回程度、油粕やボカシ肥などの有機質肥料を追肥します。

ナスは、成熟するとアクが強くなるため、未熟なものを利用します。ガクのトゲは鋭く尖っており、果実をしっかり包んでいる状態で収穫します。

基本の植えつけ

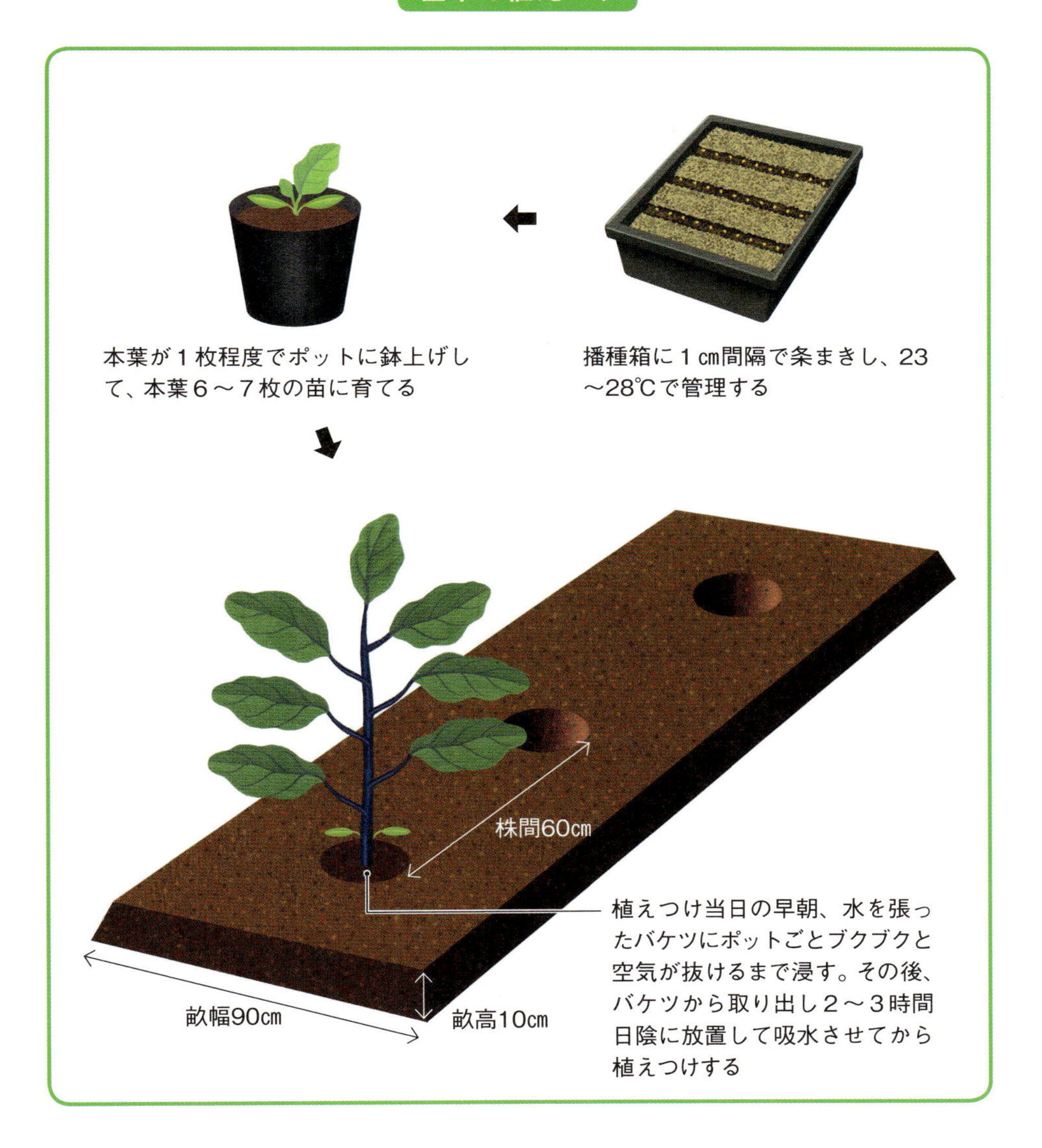

本葉が1枚程度でポットに鉢上げして、本葉6～7枚の苗に育てる
播種箱に1㎝間隔で条まきし、23～28℃で管理する
株間60㎝
植えつけ当日の早朝、水を張ったバケツにポットごとブクブクと空気が抜けるまで浸す。その後、バケツから取り出し2～3時間日陰に放置して吸水させてから植えつけする
畝幅90㎝
畝高10㎝

植えつけ時期

一般地	4月下旬～5月中旬
寒冷地	5月中旬～6月上旬
温暖地	4月中旬～5月上旬

畑の準備

植えつけの3週間以上前に、完熟堆肥と、油粕や米ぬかなどの有機質肥料を施用し、できるだけ深く耕しておく。

裏ワザ 1

高畝植え

大きな果実を長期間収穫できる

ナスは、草丈が高くなり、根も地中深くまで伸びます。畑は深く耕す必要があるため、作土層が浅い場合は、土を20〜30cm盛り上げて高畝にし、作土層を増やします。ナスは高くなった畝に、根を深く伸ばし、養水分を十分吸収できるようになります。そして、草勢が強くなり、果実の肥大もよくなります。

畑は、植えつけの3週間以上前に20cm以上深く耕し、完熟堆肥や有機質肥料を混和します。そして、高さ20〜30cmの畝を立てます。苗の準備と植えつけは普通栽培と同じように行います。

高畝栽培のナスは、草勢が強いため、収穫した節からも脇芽が伸長します。脇芽にも花が咲いて実がつくので、V字型に仕立てます。まず、側枝を2本伸ばして、支柱を立て通路側にV字に誘引します。主枝の伸長に伴い、果実を収穫できます。主枝は、支柱の先端に届いたら摘芯します。この頃には、最初に収穫した最下部の節から脇芽が伸び、実をつけます。脇芽の実を収穫したら、1葉を残して摘み取り、脇芽の脇芽を伸ばします。最上部まで同じように管理し、収穫・摘芯・脇芽の伸長を繰り返します。

高畝は、水はけがよく乾燥します。水とともに肥料分も流亡しやすいので、収穫が始まったら、早朝と正午頃に灌水します。また、10日に1回程度、有機質肥料を追肥します。

※植えつけ時期／株間・畝幅は、29ページに準じる。

どう植える？

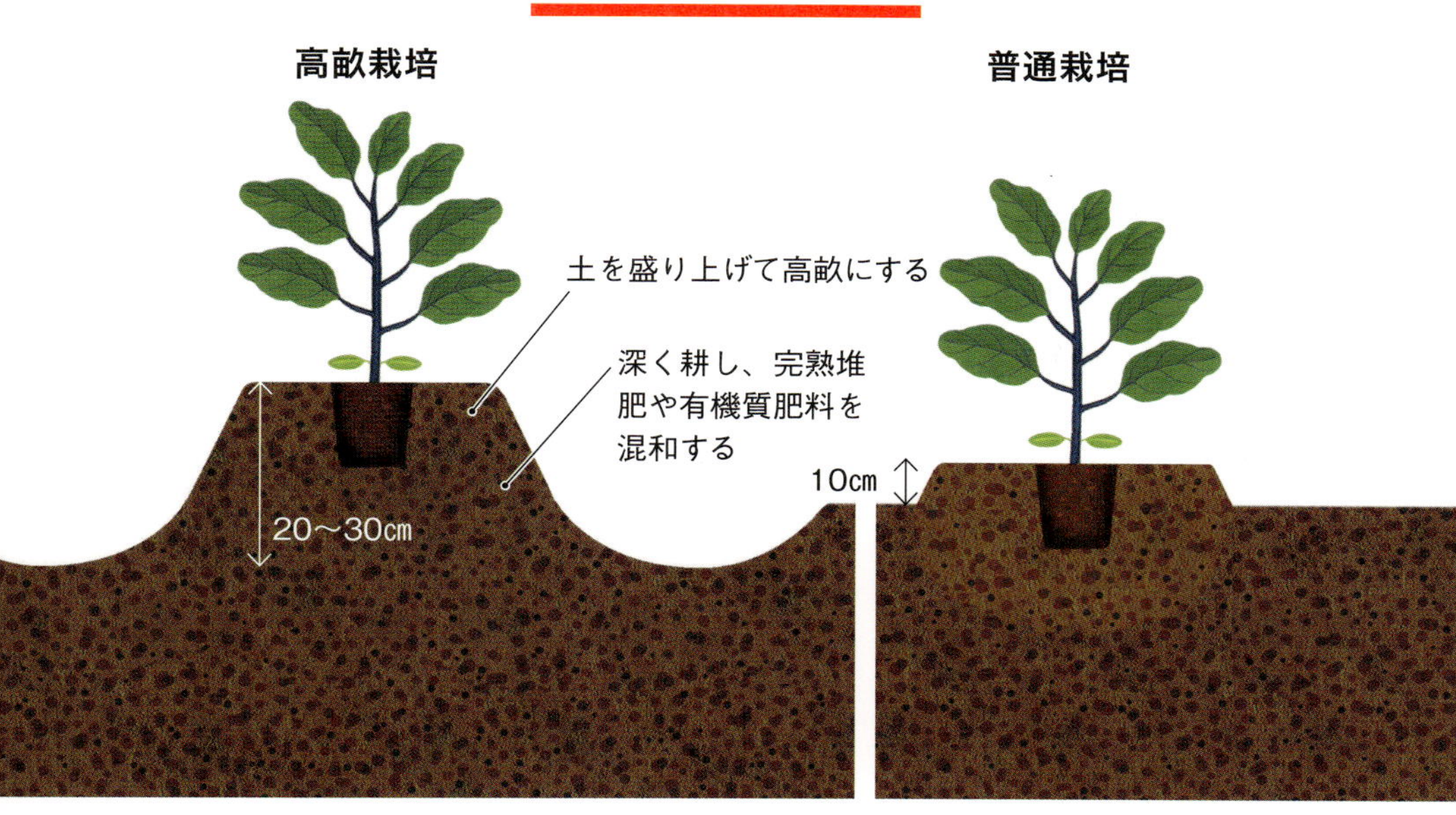
高畝栽培
普通栽培
土を盛り上げて高畝にする
深く耕し、完熟堆肥や有機質肥料を混和する
20〜30㎝
10㎝

こうなる！

高畝栽培
普通栽培
収穫した節からも脇芽が伸びるので、V字型に仕立てる
長期間収穫できる
畝全体に根が行き渡り、株の生育がよくなる
根は地中の浅いところに広がる

裏ワザ②

長期間収穫ができ、土壌も改善

落ち葉床植え

高畝植え(30ページ)では、土を盛り上げて作土層を増やしましたが、地中に乾燥したヨシや落ち葉などを埋めて落ち葉床をつくると、地下部の作土層を増加させることができます。

落ち葉床づくりは、植えつけの1か月以上前までに行います。

まず畝を立てる位置に、深さ50〜70cmの穴を掘ります。次に、穴の底に乾燥したススキやヨシを厚さ10cm敷き、その上に乾燥した落ち葉を30〜40cm重ね、踏み固めます。そして、土を戻して畝を立てます。もし、湿った状態の落ち葉やススキ、堆肥などを入れると、酸素欠乏のため分解されなかったり、嫌気的発酵をしてしまい、ナスに障害を与えます。

苗は、普通栽培と同じように用意して植えつけます。ナスの根が落ち葉やススキなどに到達すると、根を通じて酸素が供給され、分解が進みます。そして、微生物が増殖し、急激に窒素が消化されます。このため、ナスは一時的に肥料切れのようになりますが、やがて回復し旺盛に生育します。草勢は強く保たれ、収量は長期間安定し、追肥も必要ありません。

ヨシや落ち葉などは徐々に分解されるため、3〜5年間は無肥料で栽培できます。また、分解後も保水性と通気性は維持されるので、畑は野菜がつくりやすい土壌に変わります。

※植えつけ時期/株間・畝高・畝幅は、29ページに準じる。

どう植える？

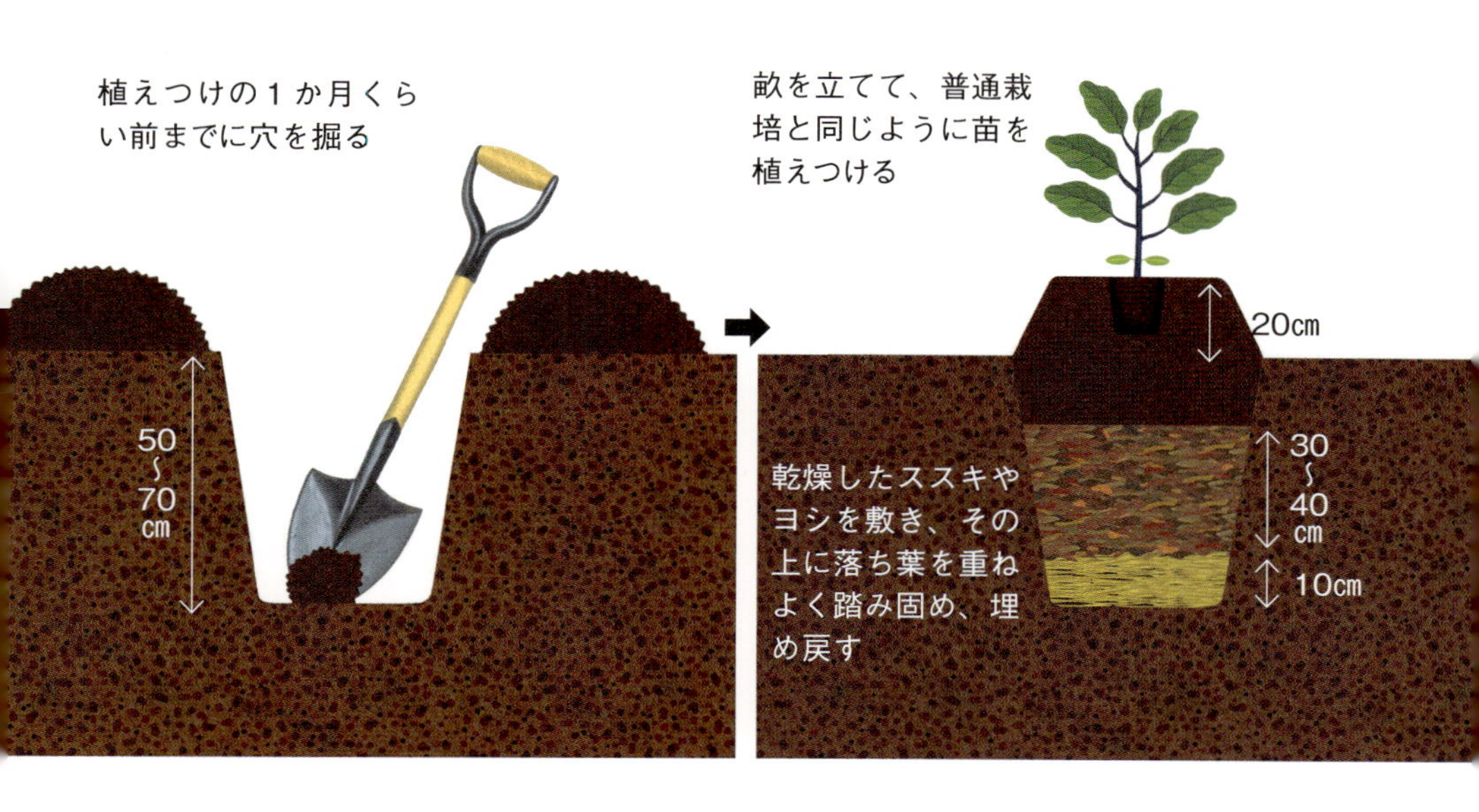

植えつけの1か月くらい前までに穴を掘る
50〜70cm
畝を立てて、普通栽培と同じように苗を植えつける
20cm
乾燥したススキやヨシを敷き、その上に落ち葉を重ねよく踏み固め、埋め戻す
30〜40cm
10cm

こうなる！

位置をずらしながら落ち葉床をつくっていくと、畑全体を野菜の栽培に適した土壌に改良できる

キュウリ

●分類　ウリ科
●原産地　インド

敷き藁で乾燥と過湿を防ぐ

キュウリは18～28℃の温暖な気候を好み、12℃以下では生育が停止します。大きく分けると、華北系と華南系の2系統があります。華北系は緑色が鮮やかでイボが白く、華南系は皮が黄色くイボが黒いのが特徴で、最近は華北系の品種が主流になっています。

種から育てる場合、苗の植えつけの30日前にポリポットに3粒ずつ種をまきます。そして本葉1枚の頃、子葉の形がよく病害虫に侵されていない健全な1株を残します。霜にあたると生育が停止するため、晩霜が降りなくなり、本葉3～4枚に育ったら、株間60㎝で植えつけます。市販の苗も利用できます。

キュウリは地中の浅い部分に根を張るため、活着したら、強い草勢を維持するため、株元に薄く藁を敷きます。地表がやや見える程度に敷くのが大切で、厚く敷くと、キュウリの根が藁と土の間に伸長してしまいます。藁と土の間は、外界の影響を受けやすく、過乾・過湿になります。また、藁が厚いと茅葺き屋根と同じようになり、水が浸透せず通路に流れてしまいます。

蔓が伸長したら、支柱やネットに誘引します。蔓の生長とともに、果実が大きくなり収穫できるようになります。蔓は、ネットの先端まで生長したら摘芯します。そして、今度は脇芽を伸長させて、側枝からも収穫します。

基本の植えつけ

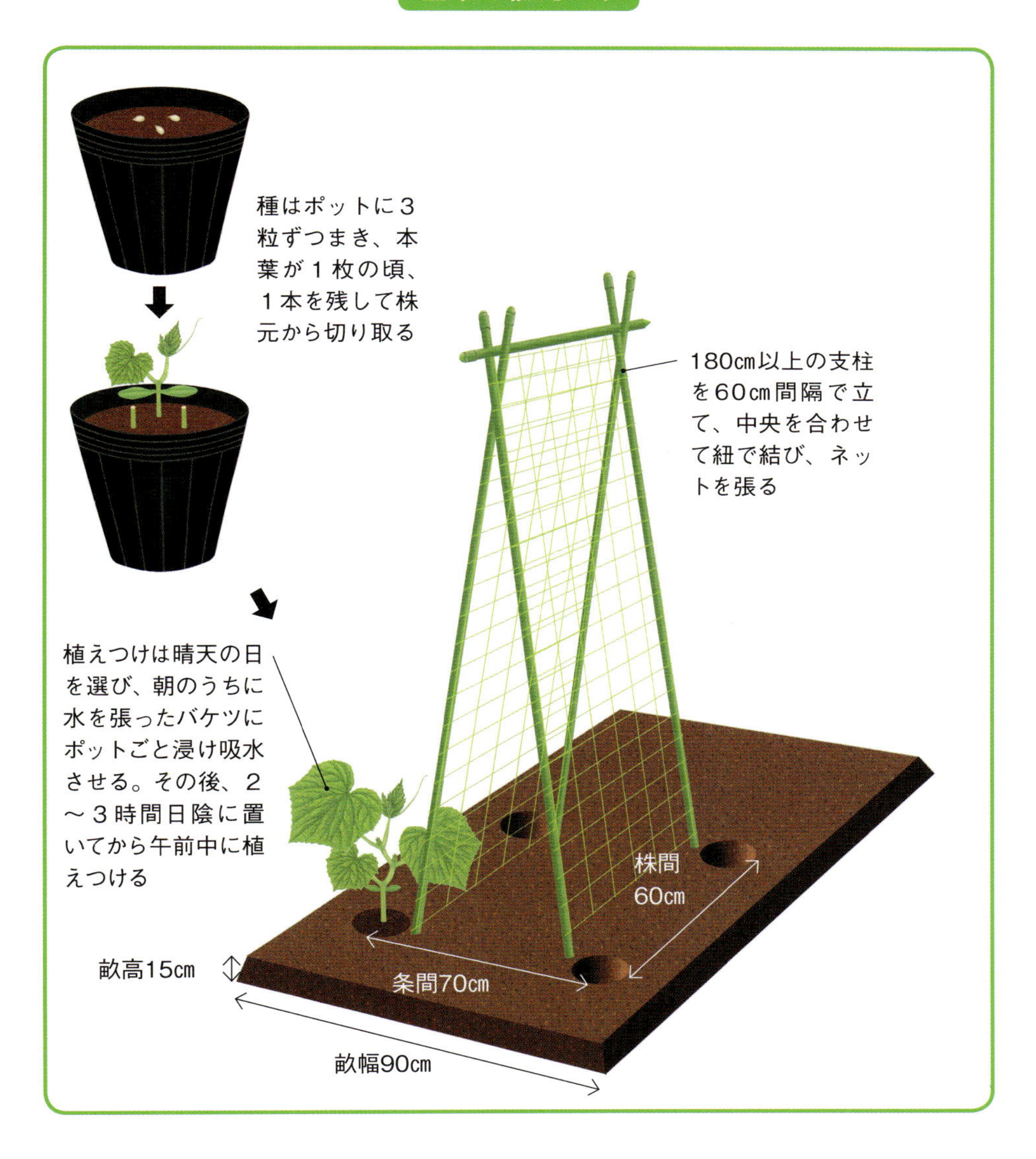

種はポットに３粒ずつまき、本葉が１枚の頃、１本を残して株元から切り取る
180㎝以上の支柱を60㎝間隔で立て、中央を合わせて紐で結び、ネットを張る
植えつけは晴天の日を選び、朝のうちに水を張ったバケツにポットごと浸け吸水させる。その後、２～３時間日陰に置いてから午前中に植えつける
株間60㎝
畝高15㎝
条間70㎝
畝幅90㎝

植えつけ時期

一般地　５月上旬～５月下旬
寒冷地　６月上旬～６月下旬
温暖地　４月下旬～５月上旬

畑の準備

植えつけの４週間以上前に、完熟した堆肥と発酵させた有機質肥料（ボカシ肥）を散布し、よく耕しておく。

裏ワザ 1

草むら植え

自然生態に近づき健強に育つ

キュウリは蔓性なので、まわりに蔓を絡ませることができる草が生えてから、遅れて発芽する性質があります。

キュウリにとって、まわりの草は「ゆりかご」の役割を果たしています。そのため、草の生えた畝にキュウリの苗を植えつけて地這いにすれば、キュウリは自然生態に近い状態の中で、健全に育っていきます。

草の中で栽培するため、生育初期に草に負けないよう、普通栽培と同じように苗を植えつけます。種を畑に直まきすると、草に負けてよく育ちません。

苗を植える畑には、草を繁茂させておきます。植えつけの3週間前には、苗を植える位置から直径30cmの範囲に生える草を、低く刈り取ります。そして、中心から直径15cm程度まで、完熟堆肥を入れてよく耕します。

苗は、周囲の草に巻きひげを絡ませて生育します。

地這いでは、より自然生態に近い状態で育てられますが、果実が雑草などに隠れ、肥大に気づかないことがあります。

また、生育途中で栄養不足になりやすいため、追肥で栄養分を補います。苗の植えつけから2週間をめどに、株元の草を低く刈り込んだ場所に、ボカシ肥を施し土となじませます。

※植えつけ時期は、35ページに準じる。

どう植える？

畑には草を繁茂させておき、苗の植えつけ３週間前に、植えつける場所の周囲30㎝の草を刈り取っておく

苗は、巻きひげを周囲の草に絡ませて伸長していく

苗は普通栽培と同じように準備し、本葉３～４枚で植えつける

こうなる！

地這いだとより自然生態に近い環境になる

巻きひげを周囲の草に絡ませ、旺盛に生育していく

果実が雑草やキュウリの茎葉に隠されてしまうため、見逃して収穫が遅れないように注意する

裏ワザ②

畑に直まき

畑に適した株を選べ、草勢が強くなる

キュウリは、苗を植えて育てるのが一般的ですが、じつは種を畑に直まきしたほうが草勢が強くなります。苗は、温室など畑とは異なった環境で育てられます。一方、直まきすれば、その畑に適応した株を残すことができます。その結果、苗を植えつけた場合に比べ、草勢が強くなります。

直まきでは、苗を植えつけた場合より土や気温の影響を受けやすいので、土づくりが重要です。畑には、種をまく4週間前に、完熟堆肥と有機質肥料を施用し、十分になじませておきますが、害虫を誘引するおそれがあるので、種をまく位置から直径20～30㎝の範囲には施肥しません。

種は普通栽培で苗を植えつけるのと同じ頃、支柱のすぐ横に、株間60㎝で1穴に3粒ずつまきます。穴の中の種は、発芽したときに子葉がぶつからないよう、やや離しておきます。

本葉が子葉の間から出てきたら、間引いて1本にします。そして、まわりの草を抜き、早めに株元に藁を敷きます。蔓が伸長すると、巻きひげが自然にネットに絡みますが、うまく絡まない場合は、最初だけ誘引して、紐で固定します。

草勢が強い分、吸肥力も強くなるので、よく発酵したボカシ肥を、2～3週間隔で3回に分けて追肥します。収穫が遅れると、栄養分が果実の中の種に送られ、他の果実の肥大が悪くなるので、早採りして草勢を維持します。

※株間・条間・畝高・畝幅は、35ページに準じる。

どうまく？

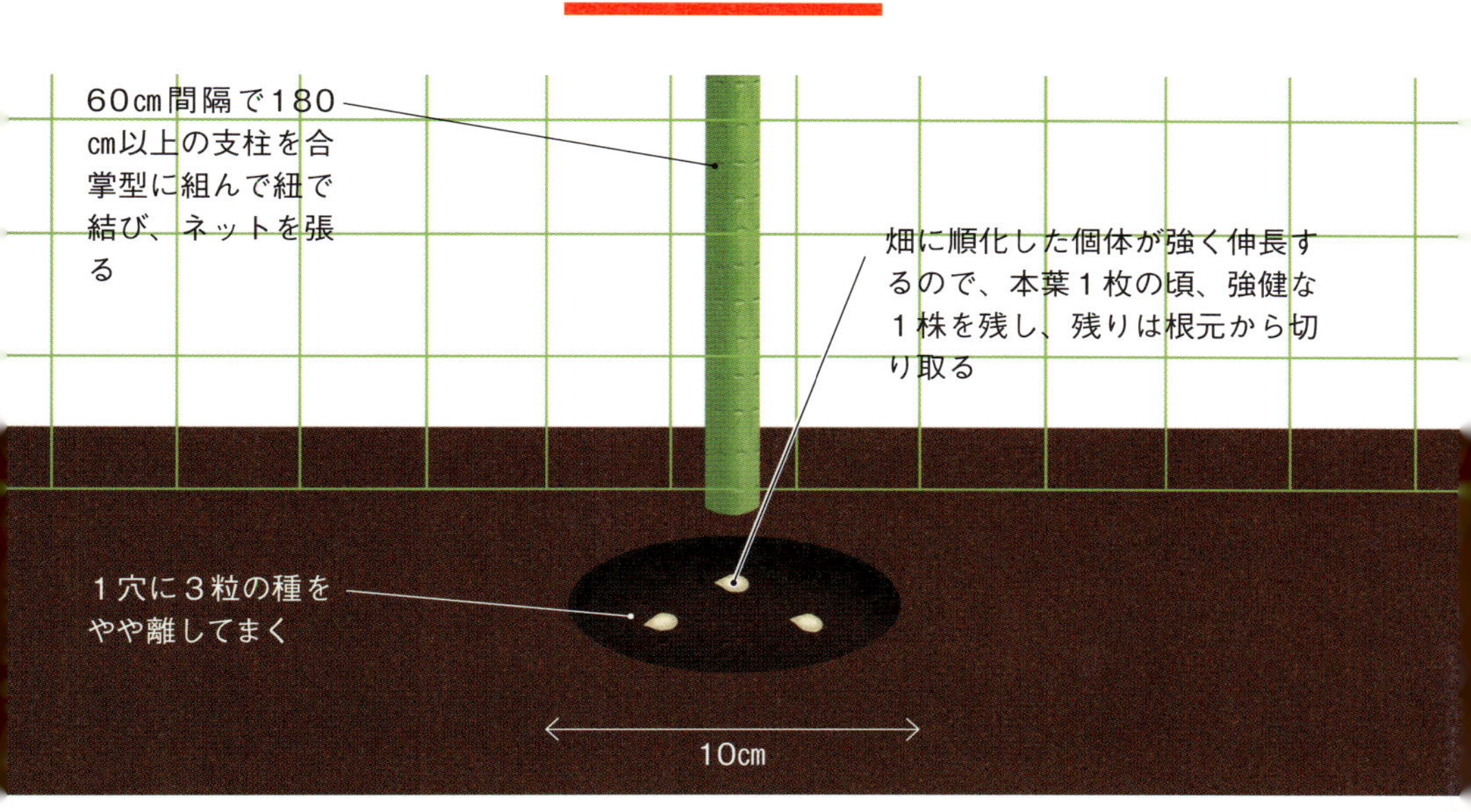
60㎝間隔で180㎝以上の支柱を合掌型に組んで紐で結び、ネットを張る
畑に順化した個体が強く伸長するので、本葉1枚の頃、強健な1株を残し、残りは根元から切り取る
1穴に3粒の種をやや離してまく
10㎝

こうなる！

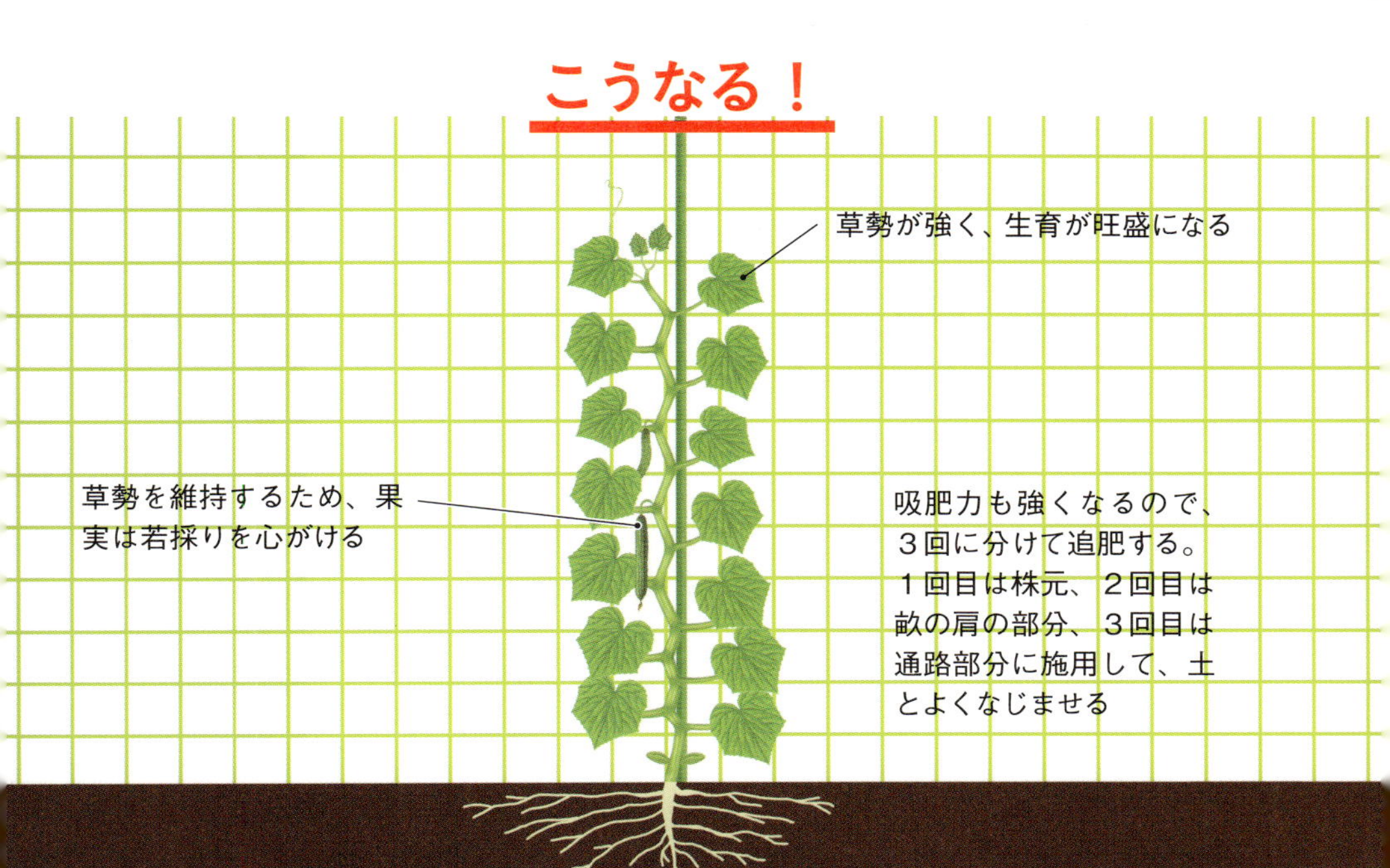
草勢が強く、生育が旺盛になる
草勢を維持するため、果実は若採りを心がける
吸肥力も強くなるので、3回に分けて追肥する。1回目は株元、2回目は畝の肩の部分、3回目は通路部分に施用して、土とよくなじませる

裏ワザ③

みずみずしい果実を長期間収穫できる

株元連続まき

キュウリは、株が若く主枝から果実を収穫しているうちは、草勢が強く病害虫もあまり発生しません。収穫できる果実もまっすぐで高品質なものです。ところが、キュウリは株の老化が早いため、側枝から収穫する時期になると、草勢が弱まり、病害虫が発生してきます。

そこで、最初のキュウリの株が旺盛に生育しているうちに、株元に次の株の種をまいて、途中で若い株に更新します。こうすることで、長期間にわたり、高品質の果実を収穫し続けることができます。

株元連続まきでは、主枝の各節に果実がつく節なり系の品種を用います。苗は普通栽培と同じように準備して、植えつけます。その後、ネットの中段まで生育したら、株元に次のキュウリの種を1穴に3粒まきます。そして、本葉が伸びてきたら、間引いて1本にします。

古い株は、主枝の収穫が終わったら、側枝からは収穫せずに株元から切り取ります。ただし、根は取り除かずに残しておきます。そして、よく発酵したボカシ肥を畝の肩と通路部分に施して土となじませます。

新しい株の根は、古い株の根に沿って伸長します。このため、根をより深く広域に伸ばせます。草勢が強く、病害虫もほとんど発生しないため、無農薬でも健全に育ちます。

※最初の株の植えつけ時期／畑の準備／株間・条間・畝高・畝幅は、35ページに準じる。

どうまく？

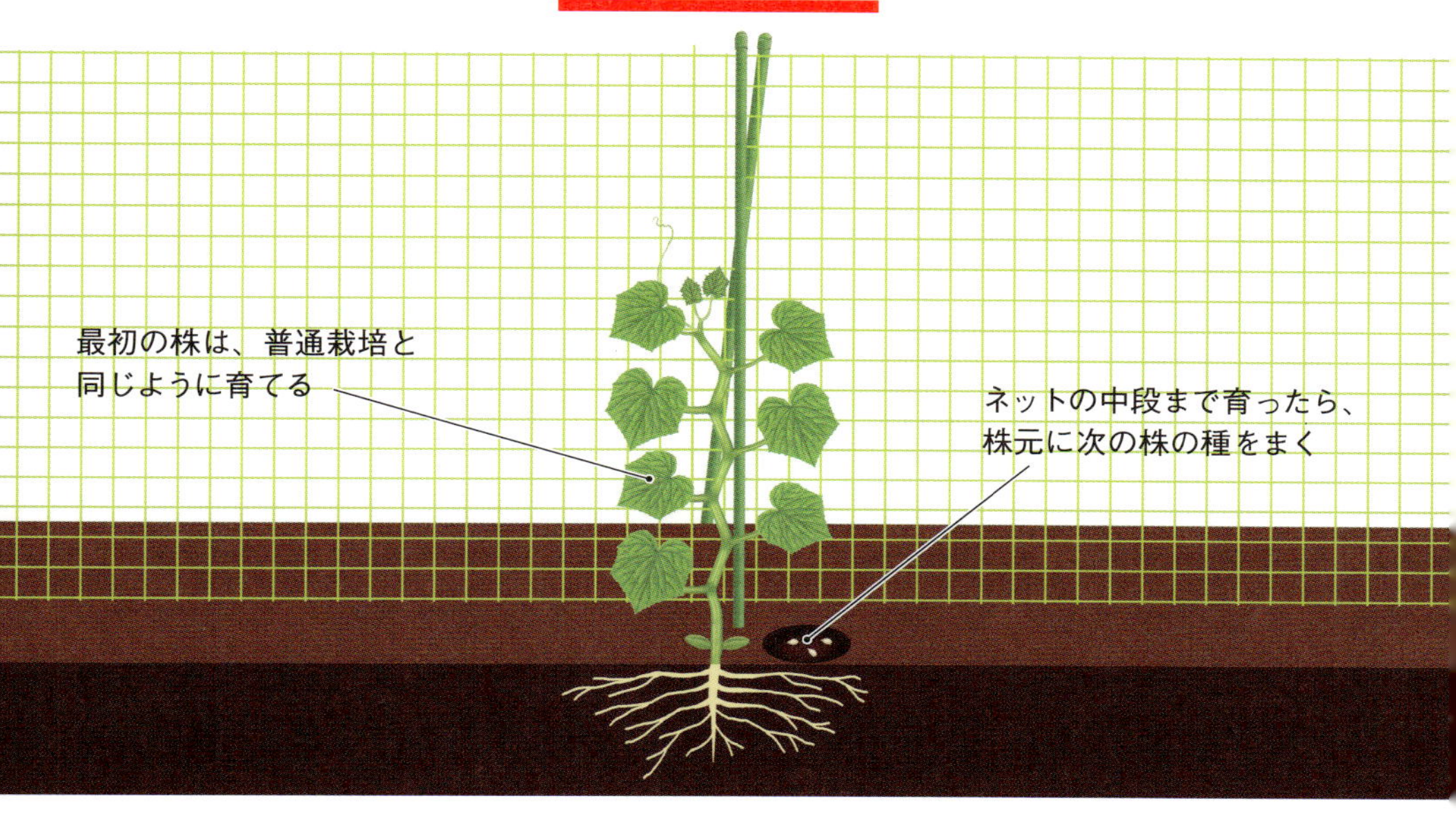
最初の株は、普通栽培と
同じように育てる
ネットの中段まで育ったら、
株元に次の株の種をまく

こうなる！

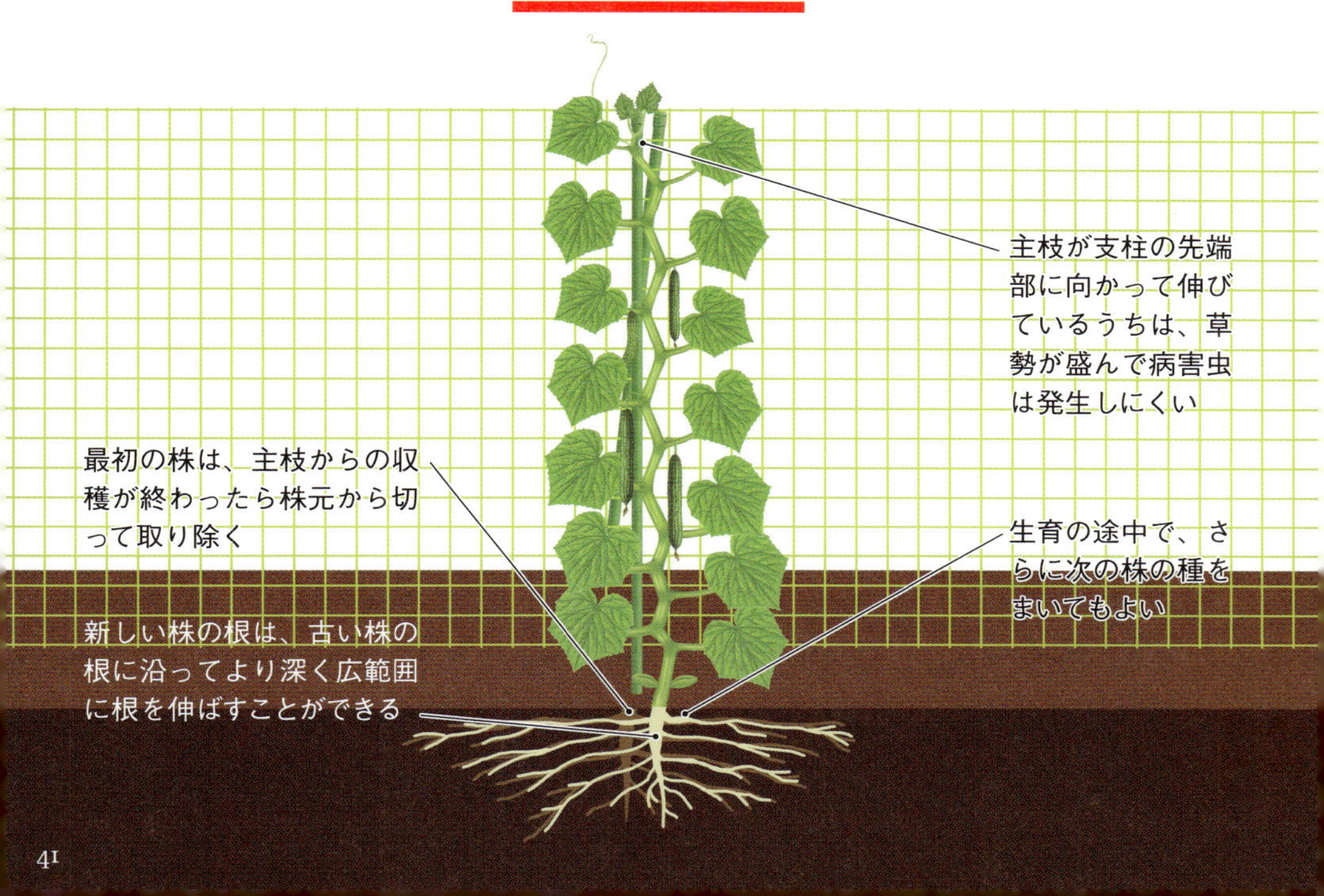
主枝が支柱の先端
部に向かって伸び
ているうちは、草
勢が盛んで病害虫
は発生しにくい
最初の株は、主枝からの収
穫が終わったら株元から切
って取り除く
生育の途中で、さ
らに次の株の種を
まいてもよい
新しい株の根は、古い株の
根に沿ってより深く広範囲
に根を伸ばすことができる

スイカ

●分類　ウリ科
●原産地　南アフリカ

果実をつけすぎずに摘果する

スイカは、23〜28℃の高温で乾燥した気候を好みます。他のウリ類と異なり、乾燥に耐えられるよう、根をやや深い位置まで伸ばします。

種から育てる場合、種は苗の植えつけの45日前に播種箱にまいて23℃以上に保ちます。本葉1・5枚でポリポットに鉢上げし、本葉4〜5枚の苗に仕上げます。市販の苗を用意してもよいでしょう。苗はしっかりと吸水させ、晴天の午前中に植えつけます。

親蔓が伸びたら5〜6節で摘芯して、子蔓を3本伸ばします。子蔓が50cm程度に伸長したら、蔓の先端が揃うように、同じ方向に伸ばします。

花が咲いたら早朝に雄花を採り、雌花の柱頭に花粉をつけ人工授粉をします。収穫時期を合わせるためは、3本の子蔓のほぼ同じ位置の雌花を蔓ごとに2個ずつ受粉させます。着果後に咲いた雌花は、すべて摘み取ります。果実がこぶし大になったら株元から直径90cmにボカシ肥を追肥します。ソフトボール大になったら、大玉品種の場合は子蔓ごとに形のよい1個を残し摘果します(中玉や小玉は2個とも残す)。

着果節位から10〜15枚展葉したら、子蔓も摘芯します。着果節位より株元に近い脇芽は残し、着果節位より先の脇芽は摘み取ります。受粉から50〜55日後、たたいてハリのある音がしたら試しどりし、糖度が十分なら一斉に収穫します。

基本の植えつけ

本葉1.5枚でポットに鉢上げする
播種箱に2㎝間隔で種をまき、23℃以上を保つ
本葉4～5枚になったら植えつける。晴天の日を選び、早朝のうちに水を張ったバケツにポットごと浸けてしっかりと吸水させる。その後、バケツから取り出して2～3時間日陰に置き、午前中に植えつける。植えつけ後は、根が水を求めて深く伸びるよう、灌水はしない
株間90㎝
水はけのよい砂地や砂壌土の畑を選ぶ。活着したら、地表に薄く藁を敷く
畝幅180㎝
畝高10㎝

植えつけ時期

一般地　4月下旬～5月中旬
寒冷地　5月中旬～6月上旬
温暖地　4月中旬～5月上旬

畑の準備

植えつけの3週間以上前に完熟堆肥と油粕や米ぬかなどの有機質肥料を施用し、できるだけ深く耕す。水はけの悪い畑は、周囲に深さ30㎝の溝を掘る。

裏ワザ 1

鞍つき植え

草勢が強くなり、実が甘くなる

スイカの原産は砂漠周囲であるため、スイカは水はけのよい土壌を好み、地中の深い位置まで根を伸ばす性質があります。そのため、スイカの産地の多くは海岸地帯の砂地にあります。

しかし、家庭菜園では、土壌の水はけが悪い場合もあります。そこで、鞍つき(高畝)にして水はけを改善し、根が深い位置まで伸びるようにします。

鞍をつくるさいは、20~30㎝掘り下げ、乾燥した完熟堆肥や、乾燥した落ち葉を踏み固めながら入れます。そして、土を戻し、さらに盛り上げて直径50㎝×高さ20㎝の鞍をつくります。蔓を伸ばす部分には、完熟堆肥を鋤きこんで深く耕し、薄く藁を敷いておきます。

普通栽培と同じように苗を準備し、植えつけます。ただし、鞍の部分は乾燥しやすいため、黒いポリマルチを張り、苗を寒さと乾燥から守ります。また、スイカの根は過湿に弱いので、水はけが心配な場合は、畑の周囲や水がたまりやすい部分に、深さ30㎝の溝を掘っておきます。

鞍に植えられたスイカは、根を地中にまっすぐ伸ばします。根は、有機物の層に到達すると、横に伸びていきます。根の伸長に伴い、蔓も同じように生長します。このため、砂地などの適地に栽培した場合と同じように草勢が強くなって、糖度の高いみずみずしいスイカを収穫できます。

※植えつけ時期/株間は、43ページに準じる。

どう植える？

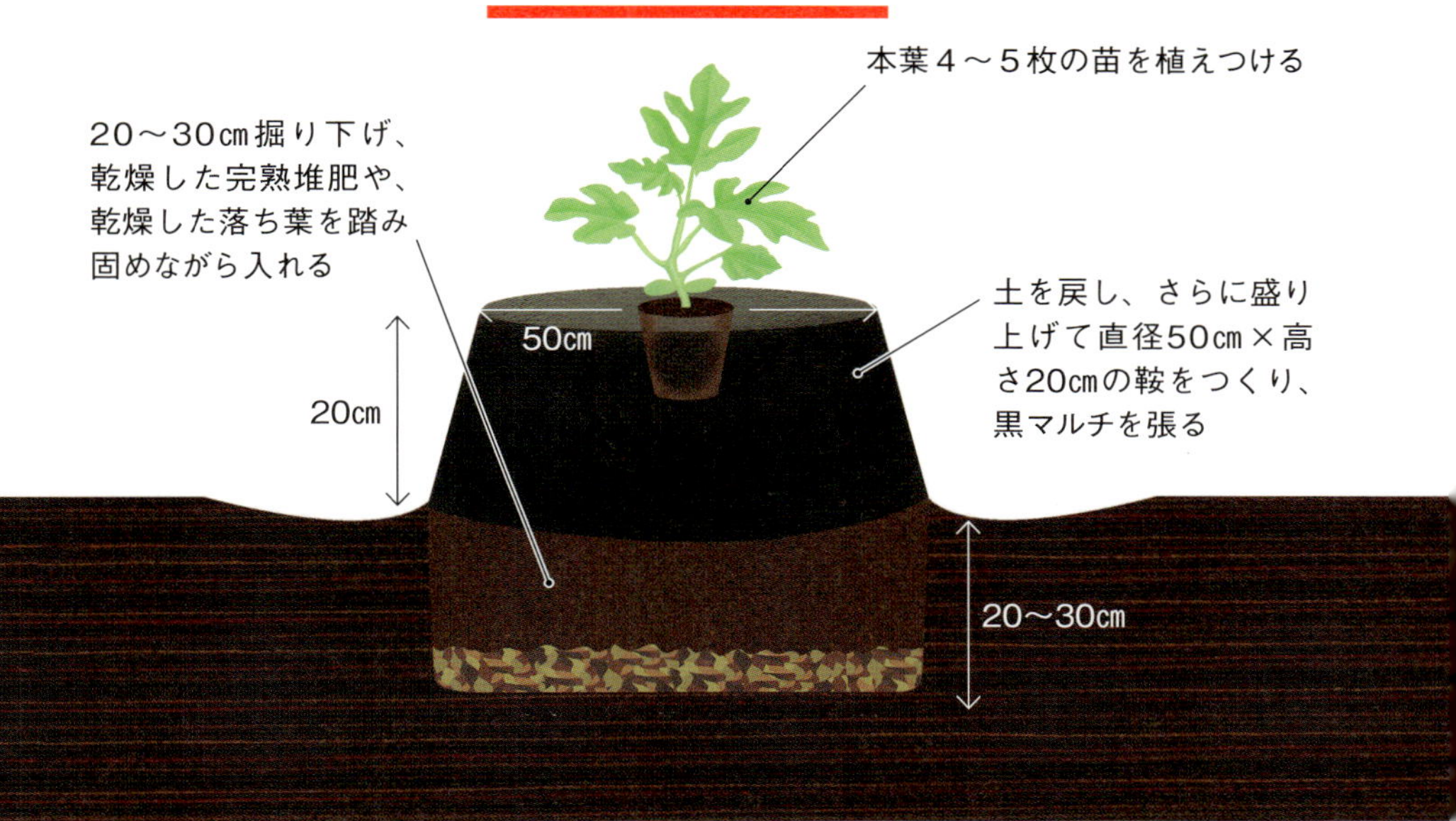
本葉4～5枚の苗を植えつける
20～30㎝掘り下げ、乾燥した完熟堆肥や、乾燥した落ち葉を踏み固めながら入れる
50㎝
20㎝
土を戻し、さらに盛り上げて直径50㎝×高さ20㎝の鞍をつくり、黒マルチを張る
20～30㎝

こうなる！

根の伸長に合わせ、蔓も同じように横に伸びる
草勢が強くなるため、糖度が高くみずみずしいスイカを収穫できる
スイカは、根を地中にまっすぐ伸ばす。根は、有機物の層に到達すると、横に伸びる

裏ワザ②

スベリヒユとの混植

養水分の吸収がよくなり品質が高まる

※植えつけ時期／畑の準備／株間・畝高・畝幅は、43ページに準じる。

スベリヒユは、スイカと共栄関係にあるため、スイカ畑によく生えてくる雑草です。

スベリヒユの茎葉は、地面を這って伸長し、根は地中の深い位置に伸びます。スイカの根は、株元から離れると、酸素が供給されにくくなり、養水分の吸収も悪くなります。一方、スベリヒユの根は、深い位置まで伸びるため、酸素を深い位置まで運びます。また、地中深くから水分を吸い上げ、吸収した養水分の一部を根から排出します。これを、スイカが吸収します。スベリヒユは、スイカの根に酸素を供給するとともに、養水分の吸収を助けているのです。

スイカは、普通栽培と同じように苗を準備して、畑に植えつけます。畑に、スベリヒユが生えてきた場合は、抜き取らずそのまま残します。ただし、スベリヒユは湿った畑にはあまり生えてこないので、そのような場合は、他の畑からスベリヒユの種を採ってまくとよいでしょう。その他の雑草も、草丈が低い種類は取らずに残します。

連作をするスイカ産地では、スイカとスベリヒユが共栄している畑をよく見かけます。家庭菜園でも、連作をすれば産地の畑と同じような共栄関係をつくれます。ただし、輪作をして翌年はスイカ以外の作物を作ろうと考えている場合は、スベリヒユが強害雑草となることもあるので注意します。

どう植える？

スベリヒユが生えてきたら、抜き取らずに残す。他の畑のスベリヒユの種をまいてもよい
本葉４～５枚の苗を定植する

こうなる！

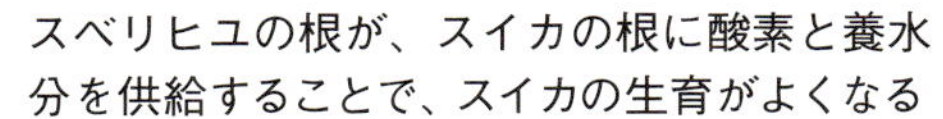
スベリヒユの根が、スイカの根に酸素と養水分を供給することで、スイカの生育がよくなる

株元から離れたところに伸びるスイカの根は、酸素や養水分の吸収が悪くなる
スベリヒユの根は、地中の深い位置まで伸びるため、酸素を深い位置まで運ぶ。また、地中深くから水分を吸い上げる

カボチャ

●分類　ウリ科
●原産地　アメリカ大陸

果実は土に直接触れさせない

カボチャは、18～28℃の温暖な気候と乾燥を好みます。日中は光合成で炭水化物をつくりますが、夜に一部が消費され、すべてが実に蓄えられるわけではありません。そのため、昼夜の温度差が大きいと、夜間のエネルギー消費が少なく、果実が甘くなります。一般地では、初夏や仲秋に、北海道や盆地では盛夏期に果実が肥大するように育てると、高品質になります。種から育てる場合は、植えつけの40日前に播種箱にまき、本葉1・5枚でポリポットに鉢上げし、本葉4～5枚で植えつけます。市販苗でもかまいません。

植えつけ後、本葉が2～3枚展開したら活着した合図なので、本葉を5～6枚残して摘芯します。やがて、節から子蔓が発生し、50cm以上に伸長したら、子蔓3～4本を同じ方向に伸ばします。同じ頃、株元にボカシ肥を追肥します。

花が咲いたら人工授粉します。早朝に開花した雄花を採り、花粉を子蔓の5～8節に咲いた2個の雌花の柱頭につけます。人工授粉後、子蔓は15節で摘芯します。果実より先に咲いた雌花もすべて摘み取ります。果実が直径5cmになったら、株の周囲90cmにボカシ肥を追肥します。着果節位から先に葉が15枚以上あれば2個残し10枚程度なら1個は摘果します。果実は藁かトレーに載せ、受粉から約50日後、果実に爪が食い込まなければ収穫します。

基本の植えつけ

本葉1.5枚になったらポットに鉢上げする
播種箱に２㎝間隔で点まきする
本葉４～５枚になったら植えつける。植えつけ当日の早朝に水を張ったバケツにポットごと空気が抜けるまで浸し、バケツから取り出して２～３時間日陰に置いてから畑に植える
株間90㎝
土壌の水分が多いと、地表に接した果実が疫病に感染しやすくなる。水はけがよくなるよう、畝の間に幅30㎝×深さ20㎝の通路を兼ねた溝を掘る
畝幅180㎝
畝高15㎝

植えつけ時期

一般地　５月中旬～５月下旬
寒冷地　６月中旬～６月下旬
温暖地　４月中旬～４月下旬

畑の準備

植えつけの３週間以上前に、完熟堆肥と油粕や米ぬかなどの有機質肥料を施用してよく耕しておく。

裏ワザ 1

草むら植え

生育がよくなり、うどんこ病も抑制

カボチャは、蔓が風によって動かされると、生育が極端に悪くなります。そのため、節から巻きひげを伸ばし、蔓を固定し、不定根を発生させます。不定根からは、養水分が吸収され生育がよくなります。一方、巻きひげを絡ませる物体や植物がないと、不定根を土に下ろすことができません。そのため、雑草など他の植物といっしょに育てると、不定根の発生が増え生育がよくなります。「土手カボチャ」と呼ばれる管理されていないカボチャの生育がよいのは、このためです。

カボチャの草むら植えには、畑に自然に生えた草を利用する場合と、積極的に麦類の種を畝にまく方法があります。後者の場合、秋まき性の小麦や大麦がよく、カボチャの苗の植えつけの2週間ほど前に畑に種をまいておきます。麦類の発芽を確認したら、植え穴のまわり20cm程度に生えたものを抜き取り、普通栽培と同じように用意した苗を、晴天の午前中に植えつけます。

また、草むら植えではカボチャの重要病害のうどん粉病がほとんど発生しません。これは、草に発生したうどん粉病菌に、アンペロマイセス・クイスクアリス(重寄生菌)が寄生し、この菌がカボチャのうどん粉病菌にも寄生するためです。なお、麦類に寄生するうどん粉病菌とカボチャに寄生するうどん粉病菌は種類が異なるため、相互に伝染することはありません。

※植えつけ時期/株間・畝高・畝幅は、49ページに準じる。

どう植える？

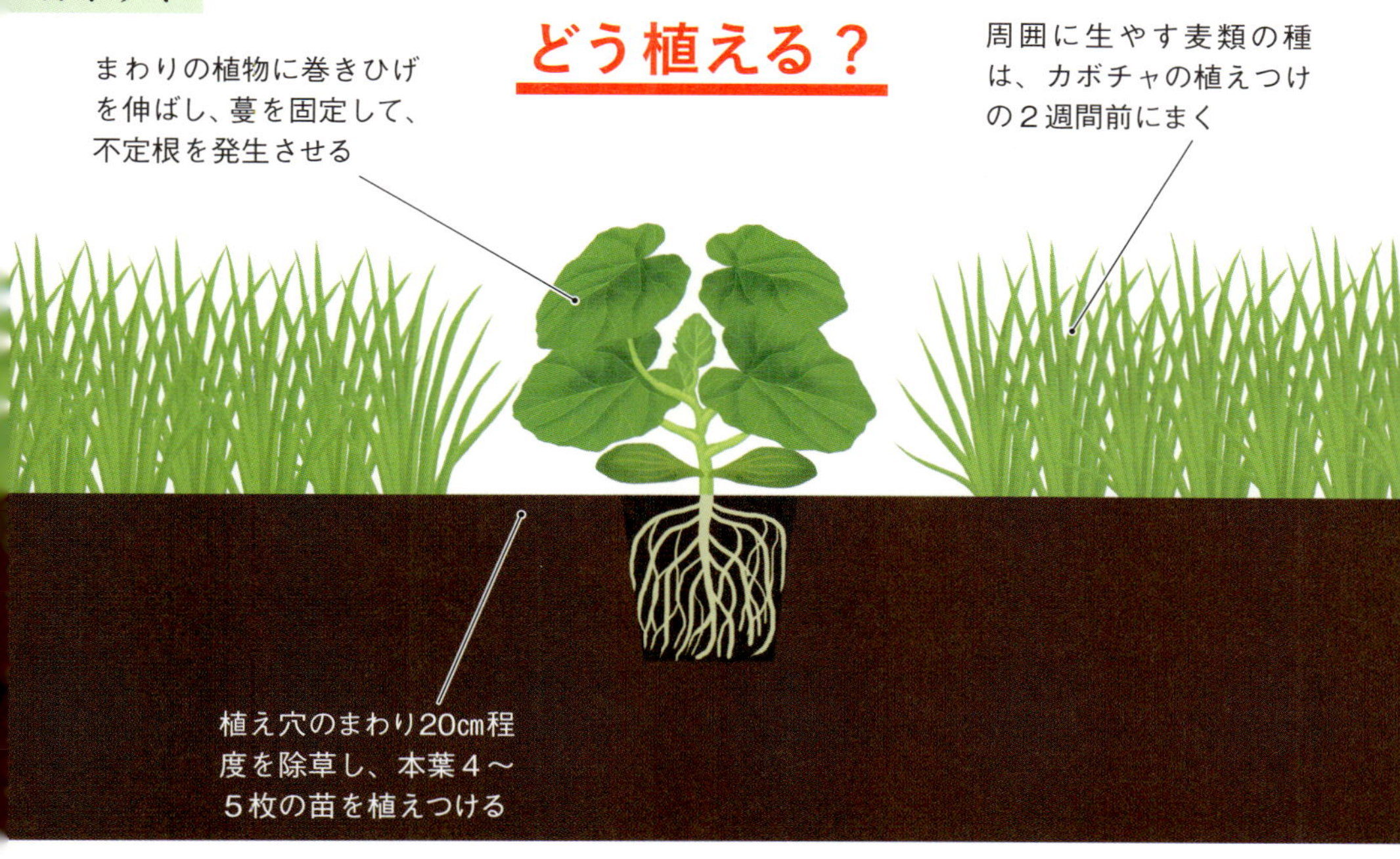
まわりの植物に巻きひげを伸ばし、蔓を固定して、不定根を発生させる
周囲に生やす麦類の種は、カボチャの植えつけの２週間前にまく
植え穴のまわり20㎝程度を除草し、本葉４～５枚の苗を植えつける

こうなる！

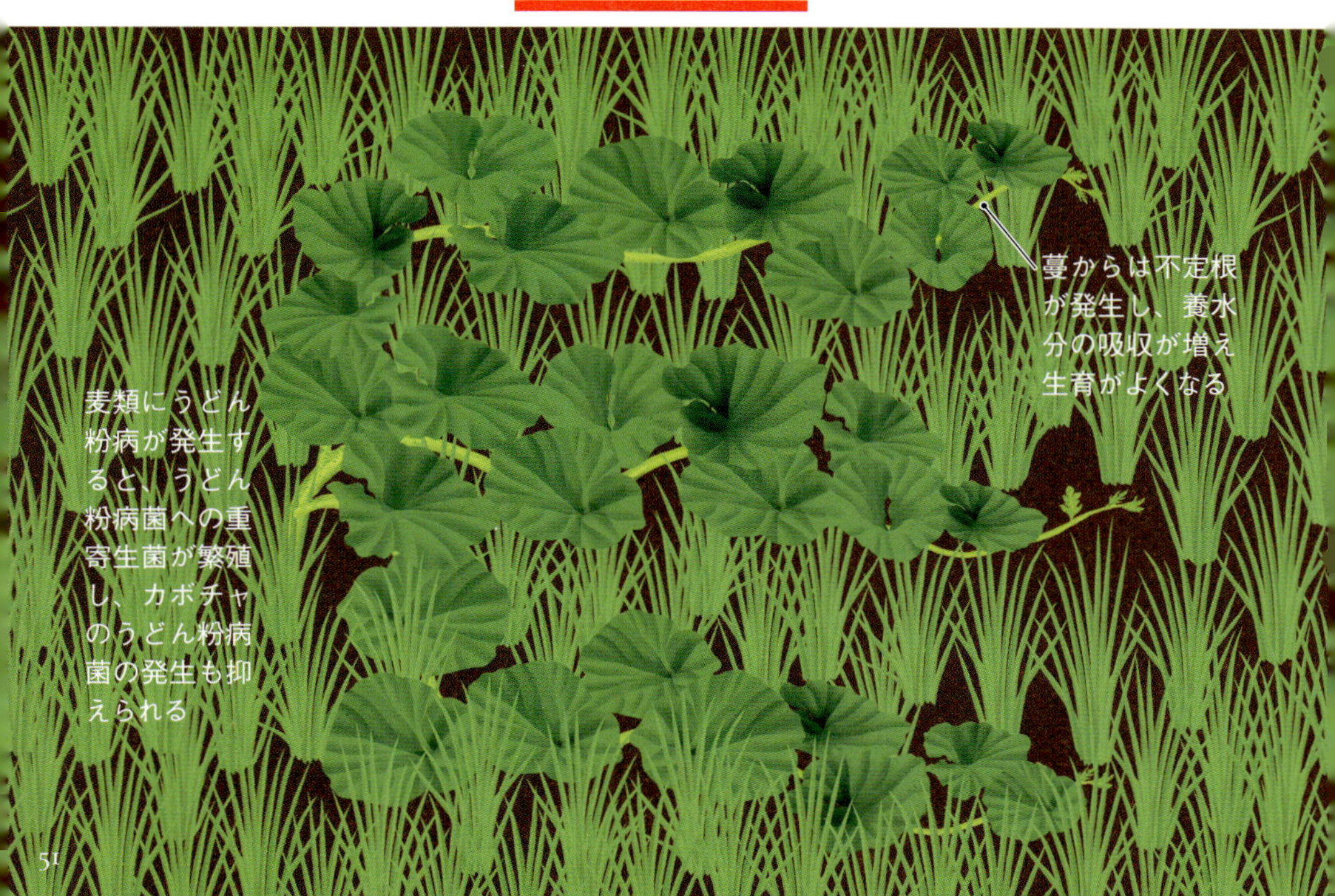
蔓からは不定根が発生し、養水分の吸収が増え生育がよくなる
麦類にうどん粉病が発生すると、うどん粉病菌への重寄生菌が繁殖し、カボチャのうどん粉病菌の発生も抑えられる

裏ワザ②

高品質の冬至カボチャが収穫できる

畑に直まき

カボチャの種を畑に直接まくと、苗を植えつけるより畑への適応性が高まります。直根を中心に広い範囲に根が伸び、草勢も強まります。

カボチャの発芽には23℃以上の温度が必要なので、直まきは6月中旬以降に行います。果実は昼夜の温度差が大きい時期に肥大するため、肉厚で高品質になります。晩秋に冬至カボチャを収穫するのに向く栽培方法です。

畑は、種まきの3週間以上前に完熟堆肥や有機質肥料を施し、よく耕します。ただし、種をまく位置から直径20～30cmの場所には、肥料は施用しません。タネバエなどの害虫が、有機物の発酵する香りに誘引されるからです。

種は、発芽をよくするため1晩水に浸け、90cm間隔で直径10cmの穴に3粒まきます。本葉が1・5枚になったら、子葉の形がよい1本を残し、残りは抜き取るか株元から刃物で切り取ります。

カボチャは、着果した先の葉数が多いと甘くなります。そのため、子蔓を伸ばすための摘芯は早めに行ったほうがよいのですが、苗を植えつける場合は、活着を待たねばなりません。一方、直まきでは活着を待つ必要がなく、本葉4～5枚で摘芯できます。ただし、草勢が強い分、生殖生長に転換しにくくなります。また、蔓の先端に近い位置に着果しやすくなるので、10節以上に着果した場合、1個は摘果します。

※株間・畝高・畝幅は、49ページに準じる。

どうまく？

発芽をよくするため、
1晩吸水させる
発芽後に葉が重ならな
いよう、離してまく
子葉の形がよい1本を
残して間引く

こうなる！

直まき
普通栽培

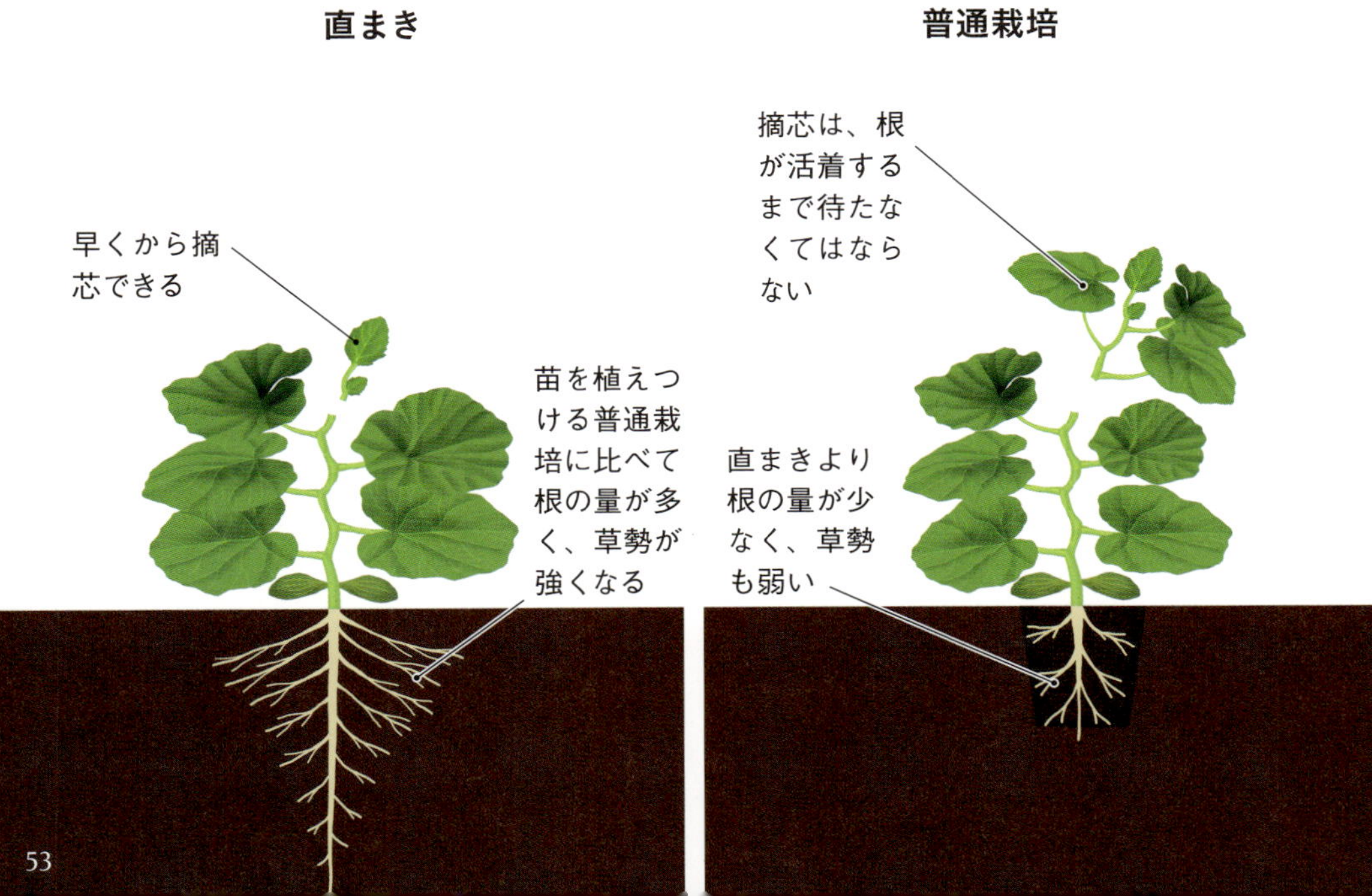
早くから摘
芯できる
苗を植えつ
ける普通栽
培に比べて
根の量が多
く、草勢が
強くなる
摘芯は、根
が活着する
まで待たな
くてはなら
ない
直まきより
根の量が少
なく、草勢
も弱い

トウモロコシ

●分類　イネ科
●原産地　北アメリカ

畝は南北につくる

18～28℃の温暖な気候と乾燥を好みます。また、光が強いほど、光合成速度が速くなる性質をもつため、強い光を好みます。

種は、苗の植えつけの40日前に9㎝のポリポットに1粒あるいは3粒でまきます。3粒の場合、本葉が2～3枚の頃、病害虫に侵されていない健全な1株を残し、他の株は間引きます。日当たりをよくするため南北畝をつくり、本葉4枚まで育苗したら、畑に植えつけます。

トウモロコシはアンモニア態窒素を好むので、追肥には米ぬかなど生の有機質肥料を用います。株元の節からも根が発生し、養水分を吸収しますので、節から発根したら、追肥して株元に土を寄せます。やがて、株元には脇芽が伸びますが、光合成を助けるため、取らずに残します。

アワノメイガの幼虫は、トウモロコシの茎や実を食べ、穴をあけるなど大きな被害を与え、倒伏する原因にもなります。アワノメイガは、茎の先端の雄穂（ゆうすい）に引き寄せられます。そこで、飛来防止のため、雄穂を10株に1株だけ残し、他は摘み取ります。また、雄穂はすべて取り除き、他の畑から雄穂を採取し、雌穂（しすい）に生えたヒゲ（絹糸）に花粉をふりかけて受粉する方法もあります。

開花後約20日、絹糸が褐色に縮れてきたら収穫適期です。収穫後は急激に品質低下するので、その日のうちに調理します。

基本の植えつけ

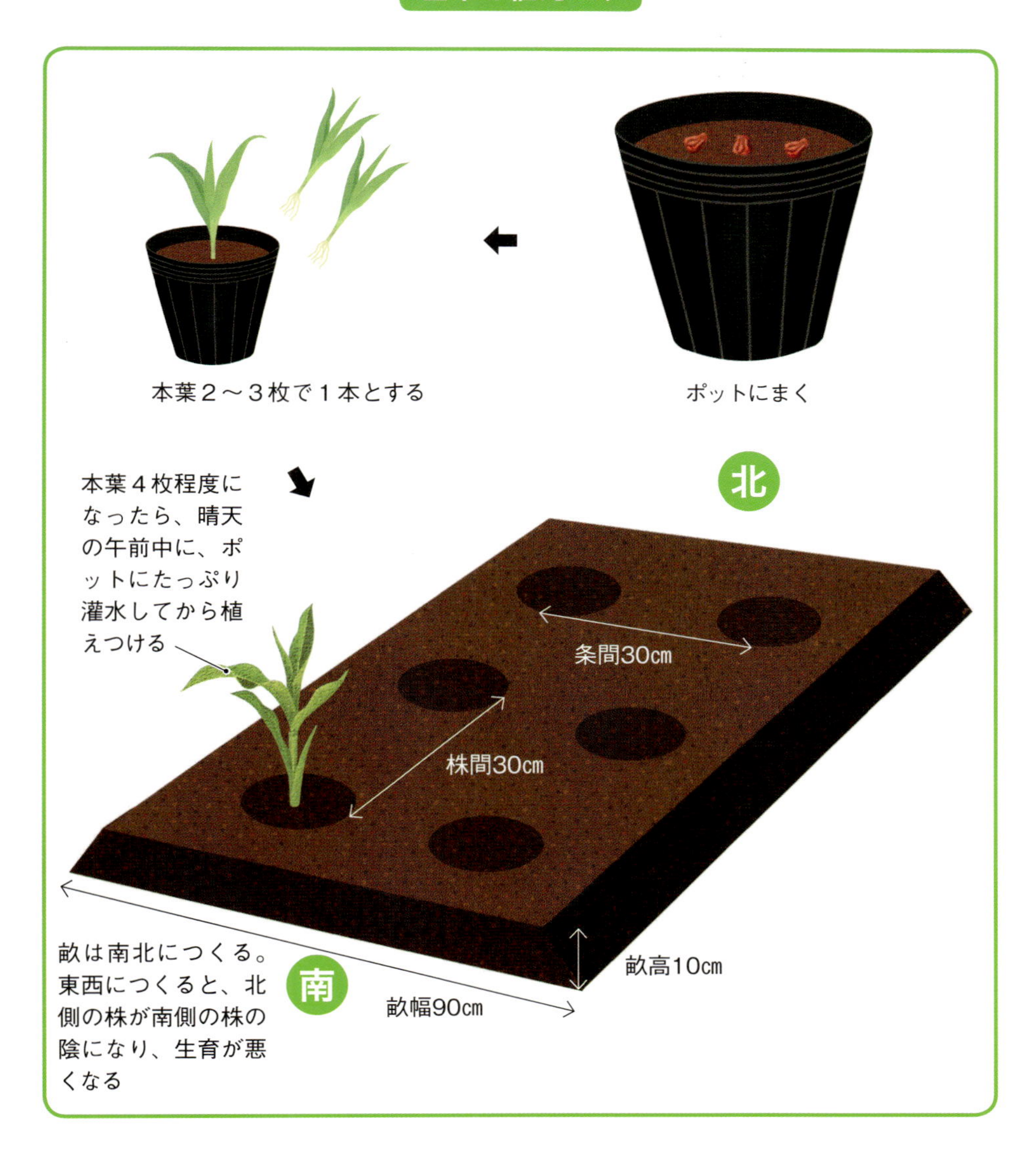
本葉２～３枚で１本とする
ポットにまく
本葉４枚程度になったら、晴天の午前中に、ポットにたっぷり灌水してから植えつける
北
条間30cm
株間30cm
畝は南北につくる。東西につくると、北側の株が南側の株の陰になり、生育が悪くなる
南
畝幅90cm
畝高10cm

植えつけ時期

一般地　５月上旬～６月下旬
寒冷地　６月上旬～６月下旬
温暖地　４月中旬～５月中旬

畑の準備

植えつけの３週間以上前に、やや未熟な堆肥と油粕や米ぬかなどの有機質肥料を施用してよく耕す。日当たりをよくするため、必ず、南北畝とする。

裏ワザ①

害虫の飛来を抑えられ、育ちもよくなる
インゲンマメとの混植

※植えつけ時期／畑の準備／株間・条間・畝高・畝幅は、55ページに準じる。

トウモロコシはマメ科の植物と共栄関係にあるため、混植する伝承農法があります。ブラジルではトウモロコシがハッショウマメと混植されています。ハッショウマメはL‐ドーパ（アミノ酸の一種でパーキンソン病の治療薬）という物質を産出し、混植された畑には雑草がほとんど生えません。日本でも、九州から東北の山間地で、インゲンマメとの混植が広く行われていました。

インゲンマメなどのマメ科植物は、トウモロコシの日陰でも育ちます。また、トウモロコシは吸肥力が強く、窒素肥料を大量に必要としますが、マメ科植物は根に根粒菌が共生しているため、空中の窒素を地中に固定し、土を肥沃にします。

そして、インゲンマメはアワノメイガの飛来を抑制し、トウモロコシへの食害を減らします。さらに、トウモロコシ畑に生える雑草とインゲン畑に生える雑草は異なるため、それぞれが雑草の発生を抑え、雑草が少なくなります。

土づくりや畝立てなどは普通栽培と同じように行い、植えつけや直まき（62ページ）したトウモロコシが活着したら、株間に1穴3粒のインゲンマメの種をまきます。発芽し本葉が展開したら、生育のよい2本を残して間引きます。やがて、インゲンマメはトウモロコシに蔓を絡ませ生長するので、そのまま伸長させます。土寄せは普通栽培と同じように行い、追肥はやや控えめにします。

どう植える？

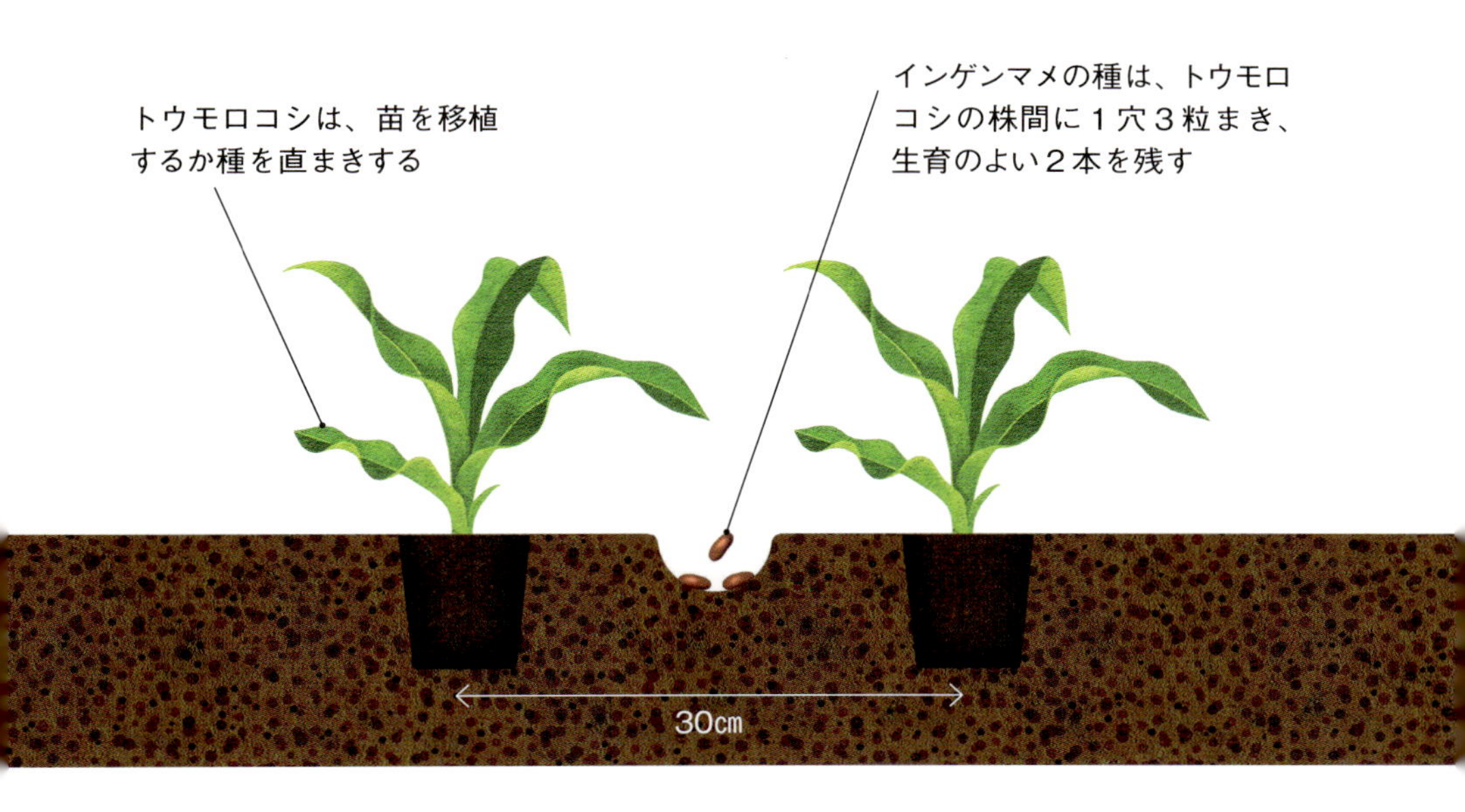
トウモロコシは、苗を移植するか種を直まきする
インゲンマメの種は、トウモロコシの株間に1穴3粒まき、生育のよい2本を残す
30㎝

こうなる！

インゲンマメは、トウモロコシの害虫のアワノメイガの飛来を抑える
インゲンマメの根につく根粒菌が空中の窒素を固定し、トウモロコシに供給するため、トウモロコシの生育がよくなる
インゲンマメは、トウモロコシより早く収穫が始まって、トウモロコシの後まで収穫し続けられるため、若採りし、株の老化を防ぐ

裏ワザ②

超遅植え

糖度が高まり、害虫被害が減る

トウモロコシは、太陽エネルギーを用いて水と二酸化炭素から炭水化物をつくります。日中つくられた炭水化物は、すべてが茎葉や実になるのではなく、一部はトウモロコシ自身のエネルギーとして夜間に消費されます。そのため、夜間温度が高いと、エネルギー消費量が多くなり、果実の糖度が高くなりません。

そこで、種まきを遅らせ、夜間温度の低い10月以降に収穫できるように育てると、果実の糖度が20～25度と高くなります。また、トウモロコシの大害虫のアワノメイガの発生期と重ならないので、被害を受けにくくなります。

ただし、低温期に向かう作型のため、栽培期間は普通栽培より長くなります。また、生育が台風シーズンと重なるので、風雨が強くなる場合は、畝の両側に支柱を立て、茎の中段に紐を張るなどして倒伏を防ぎます。

種は、植えつけの30日前にポリポットに3粒まき、本葉2～3枚の頃、健全な1株を残します。そして、一般的な作型のトウモロコシが収穫を迎える8月上旬～8月中旬に、本葉4枚で植えつけます。植えつけ時は、ポットにたっぷり灌水します。高温多湿な時期なので、土壌微生物が活発に活動しています。堆肥や有機質肥料は速やかに分解され、効果が早くあらわれるので、肥料は普通栽培より少なくし、追肥は控えます。

※株間・条間・畝高・畝幅は、55ページに準じる。

どうまく？
北
南
7月上旬〜中旬に3粒ずつまき、本葉2〜3枚で、1本に間引く
本葉4枚になったら、たっぷりと灌水して晴天の午前中に植えつける
すべての株の日当たりをよくするため、南北畝をつくる

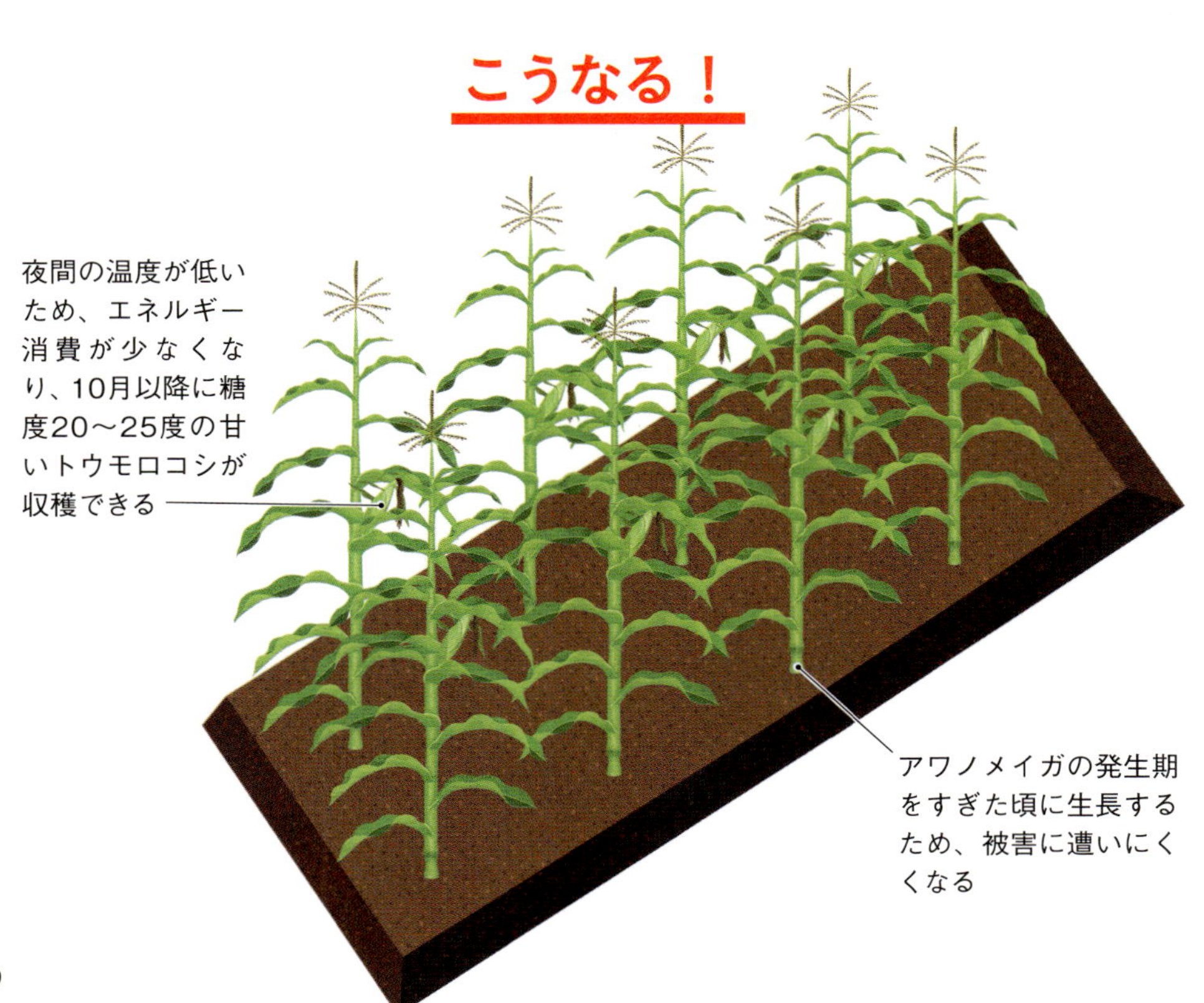
こうなる！
夜間の温度が低いため、エネルギー消費が少なくなり、10月以降に糖度20〜25度の甘いトウモロコシが収穫できる
アワノメイガの発生期をすぎた頃に生長するため、被害に遭いにくくなる

裏ワザ③

お湯かけ植え

病害虫に強くなり、糖度も高まる

※植えつけ時期／畑の準備／株間・条間・畝高・畝幅は、55ページに準じる。

植物は、熱（ヒート）の刺激（ショック）を受けると、タンパク質（プロテイン）を生産します（ヒートショックプロテイン）。この物質は、植物に抵抗性を誘導し、キュウリでは病害虫に強くなることが科学的に解明されています。トウモロコシでも同じことができ、植えつけ前の苗にお湯をかけることで、病害虫に強くなります。

苗は、普通栽培と同じようにポリポットで育て、本葉が3～4枚に生長したら、ポットの土に50℃のお湯をたっぷり注ぎます。お湯を注いだら速やかに畑に植えつけます。なお、地温が低く、植えつけ後に根鉢の土壌温度が急激に下がる場合は、お湯の温度を55～60℃と高くしておきます。

その後は、普通栽培と同じように管理します。

お湯をかけられたトウモロコシ苗は、熱に対する防御反応として、ヒートショックプロテインを生産します。このため、体質が強くなり、病害虫の被害を受けにくくなります。また、ポットから畑へと栽培環境が急激に変化しますが、ヒートショックプロテインには適応性を高める働きもあるため、草勢が強くなり、光合成がしっかり行われ、果実も甘くなります。

アワノメイガの被害が大きい時期に、お湯かけ植えした株と、普通栽培の株を比べると、普通栽培では大きな被害を受けましたが、お湯かけ植えでは、被害がほとんど見られませんでした。

どう植える？

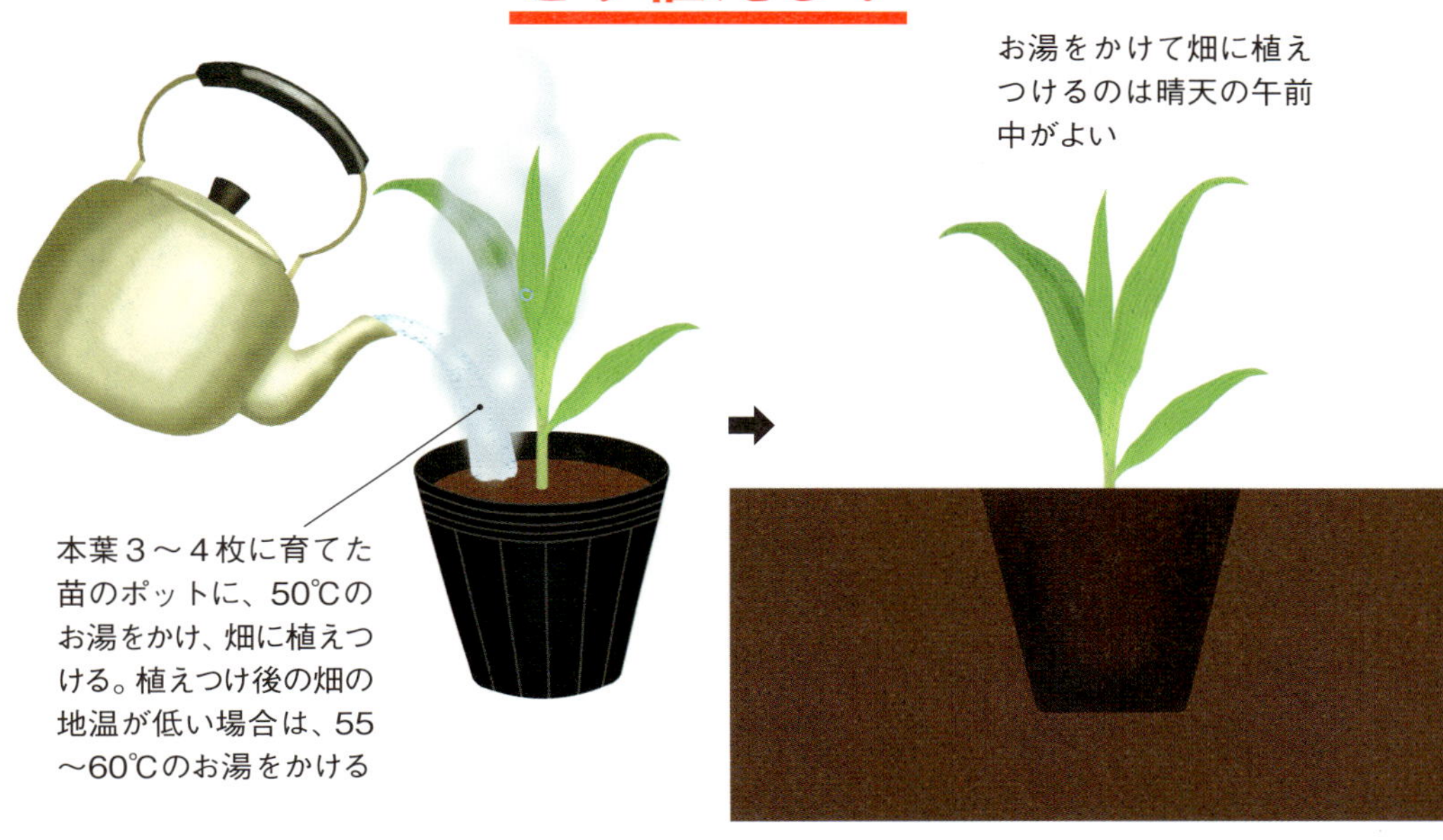
お湯をかけて畑に植えつけるのは晴天の午前中がよい
本葉３～４枚に育てた苗のポットに、50℃のお湯をかけ、畑に植えつける。植えつけ後の畑の地温が低い場合は、55～60℃のお湯をかける

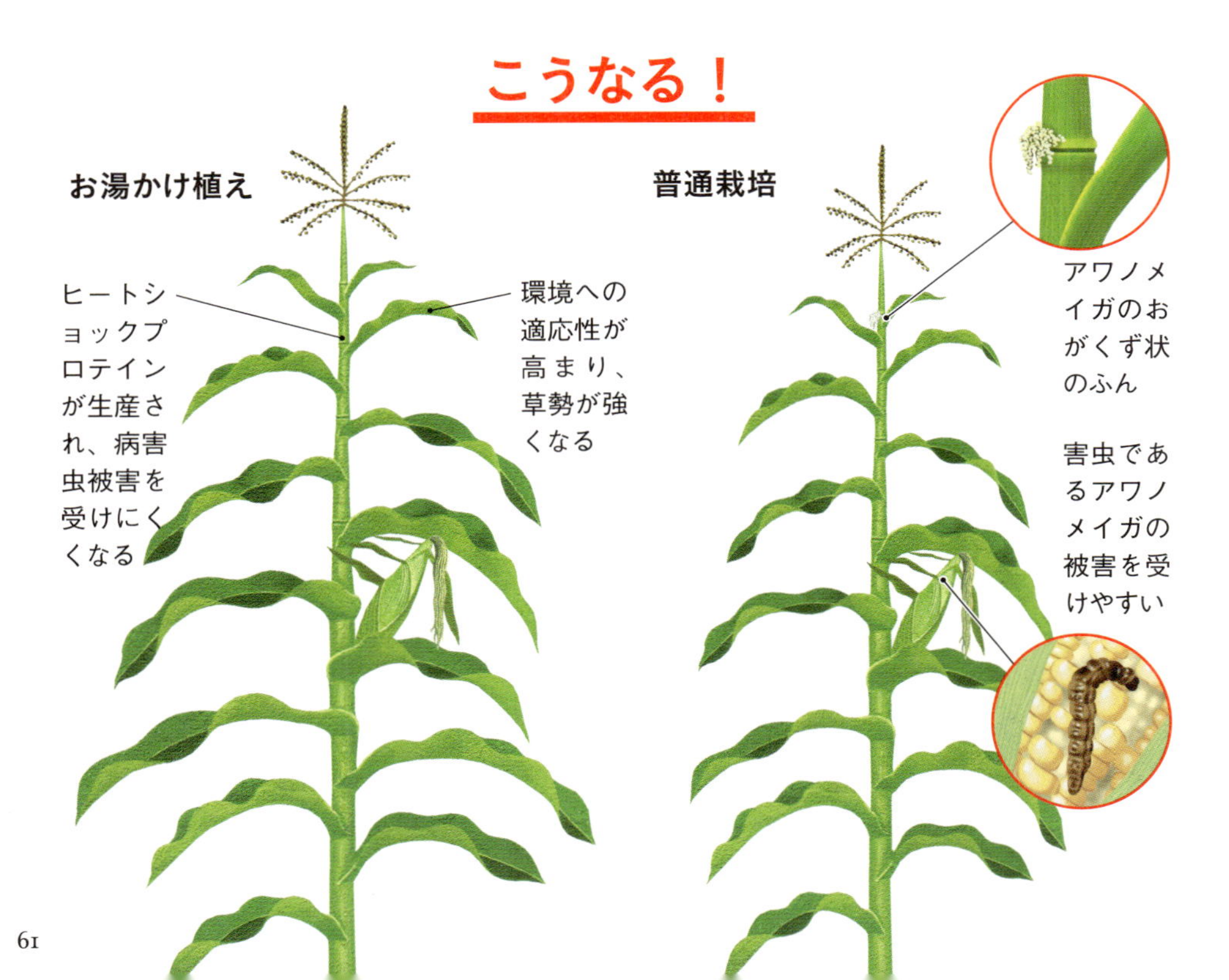
こうなる！
お湯かけ植え
ヒートショックプロテインが生産され、病害虫被害を受けにくくなる
環境への適応性が高まり、草勢が強くなる
普通栽培
アワノメイガのおがくず状のふん
害虫であるアワノメイガの被害を受けやすい

裏ワザ④

畑に直まき

草勢が強くなり、台風被害にも遭いにくい

※畑の準備／株間・条間・畝高・畝幅は、55ページに準じる。

植物は、芽生えた場所の環境に適応して生育できるよう、進化してきました。そのため、種を畑に直まきすると、苗を育てて植えつけるよりも、生育がよくなります。発芽に高い温度が必要なピーマンやナスは、温室で苗をつくらなければなりませんが、トウモロコシは温度が低くても発芽するため、直まきで育てることができます。

直まきの場合、土づくりは苗を植えつける場合より丁寧に行います。種まきの3週間以上前に、完熟堆肥とボカシ肥を施用し、よく耕して南北畝をつくります。次に種まきの1週間前に、土の表層をレーキなどで軽く耕して除草し、雑草の発芽を促進します。当日は、表層を板でならして、新たに生えてきた草を取り除き、発芽したトウモロコシが雑草に負けない環境を準備しておきます。

種は、苗の植えつけと同じ頃の5月上旬～6月下旬にまきます。1粒でまくと発芽率と発芽揃いが悪くなるので、必ず1穴に3粒ずつとします。本葉が2～3枚の頃、病害虫に侵されていない健全な株1本を残し、他は間引きます。その後は、普通栽培と同じように管理します。

直まきされたトウモロコシは、根を地中深く伸ばします。根は養水分を旺盛に吸収し、草勢が強くなります。また、土にしっかり固定されるため、風雨にも強くなります。

どうまく？

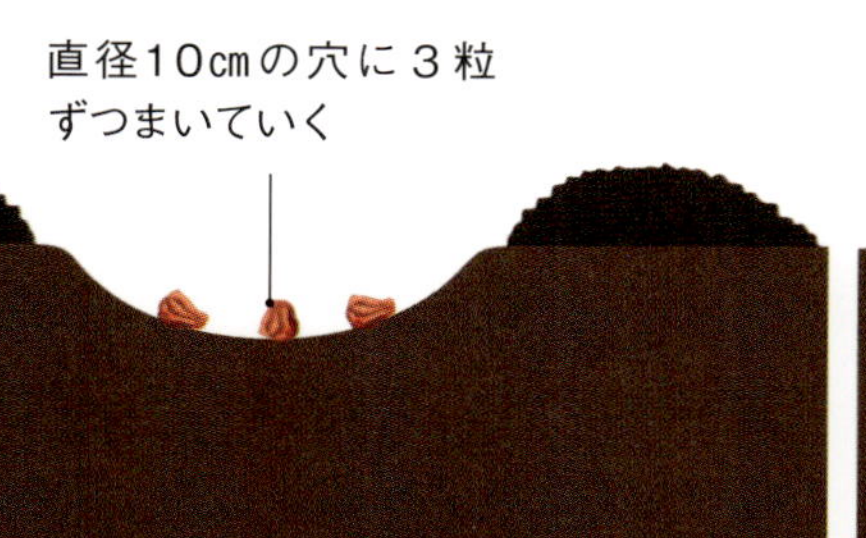
直径10㎝の穴に３粒
ずつまいていく

本葉２～３枚の頃、
間引いて１株にする

種まきの３週間以上前に、完熟堆肥とボカシ肥を鋤きこみ、畝高10㎝、畝幅90㎝の南北畝をつくっておく

こうなる！

直まき

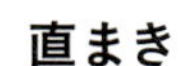

根を、地中深く伸ばすので、養水分を旺盛に吸収して、草勢が強くなる

土にしっかりと固定されるため、雨風に強くなる

普通栽培

直まきに比
べ、根の張
りが浅い

エダマメ

●分類　マメ科
●原産地　中国

種まき後の鳥害に注意する

18〜28℃の温暖な気候を好みます。エダマメの根には植物の養分となる窒素を空気中から土中に固定する根粒菌が共生するため、低栄養の畑でも育ちます。水は好みますが、多湿は嫌うため、畝を立てて水はけをよくします。

エダマメは、苗をつくって畑に植えつけても、種を畑に直まきしても、どちらでも栽培可能ですが、それぞれの方法に特徴があります。

苗を植えつける場合は、温室で育苗を行えるため、気温の低い時期からの栽培が可能で、早くから収穫したいときに向きます。

一方、直まきの場合は、種を直接畑にまくことで草勢が強くなるため、低栄養の痩せた畑に向きます。また、育苗の手間がありませんので、省力となります。

苗をつくる場合、種は植えつけの30日前に、ポリポットでは1粒ずつ、播種箱では5㎝間隔でまいていきます。発芽して本葉1〜2枚に生育したら、株間30㎝で畑に植えつけます。乾燥している場合は、植えつけ後に灌水します。本葉3〜4枚で土寄せします。

直まきの場合、苗の植えつけ時期と同じ頃、畑に1穴に1粒ずつ種をまき、よく鎮圧します。そして、発芽し本葉が2枚になったら土寄せします。直まきは草勢が強くなり蔓ボケしやすいので、草勢が強い場合は、本葉5〜6枚で摘芯します。

基本の植えつけ

ポットに１粒種をまく。温室などを使えば、早くから育苗できる
直まきのほうが根が伸長し、草勢が強くなるが蔓ボケもしやすい
直まきの場合
植えつけの場合
苗を植えつける場合、根鉢は崩さずに植える
株間30㎝
条間45㎝
畝幅90㎝
種まき後は、鳥害を防ぐため、不織布などをべた掛けにするとよい
乾燥時には水やりをする
畝高10㎝
（水はけの悪い場合は15～20㎝）
前作に野菜類を栽培した畑では、残肥で十分育つ

植えつけ時期

一般地　５月上旬～６月中旬
寒冷地　６月上旬～６月下旬
温暖地　４月下旬～６月中旬

畑の準備

初めて野菜を育てる畑や、前作にトウモロコシや麦類を栽培した場合は、植えつけの３週間以上前に完熟堆肥と油粕や米ぬかなどの有機質肥料を施用し、よく耕す。

裏ワザ 1

根切り植え

苗が若返り、旺盛に生育する

植物には、茎葉を茂らす栄養生長と、子孫を残すため花を咲かせて実をつける生殖生長の2つの生長段階があります。野菜の苗は、ポリポットや作土の下にあるかたい土壌(鋤床(すきどこ))により根域が制限され、根の伸長が停止すると、急激に老化が始まり、生殖生長の準備に入ります。

そのため、ポットで根の伸長が制限されて老化したエダマメ苗は、栄養生長から生殖生長に入るため、植えつけ後の枝葉の生育が悪くなります。しかし老化苗でも、根が伸長を再開したり、新しい根に更新されたりすると、枝葉の生育が旺盛になります。そこで、根を切断して新しい根を強制的に発生させ、苗を若返らせます。

苗はポットから取り出し、土をよく落とします。次に、根の3分の1から3分の2をハサミや手で切り落とします。根を切断されたエダマメは活着が悪くなりますので、株間30cmで植えつけたら、水を十分に与えます。切断された根からは、新しい根が発生して若返り、それに伴って地上部の生育も旺盛になります。

老化苗をそのまま植えつけた場合と、根切りして植えつけた場合を比べてみると、植えつけ直後は、そのまま植えたほうが、活着が早く生育もよくなります。一方、根を切断した苗は、初期生育は悪いですが、徐々に回復し、やがて、そのまま植えた苗より旺盛に育ちます。

※植えつけ時期/畑の準備/株間・条間・畝高・畝幅は、65ページに準じる。

どう植える？

苗はポットから取り出して、土をよく落とし、根を⅓〜⅔ほど切断する

植えつけ後、十分に水を与える

こうなる！

根切り植え

根が更新され、株が若返り生育が盛んになる

普通栽培

株の老化が進んでおり、植えつけ後の生育はよくない

裏ワザ②

3粒まき

豆が肥大し、乾燥に強くなる

花は咲いたのに、さやがペチャンコのエダマメを見かけます。これは、受粉は行われたものの、養分が豆に転流しなかったことを意味します。

通常、豆が肥大する時期は梅雨明けにあたり、日ざしが強くなって乾燥が進みます。このとき根が地中の浅いところにしか張っていないと、窒素固定が十分に行えず、光合成に必要な水分も吸収できません。そのため、十分な養分が豆に転流せず、肥大しなかったのです。

ところが、エダマメは2本以上で生育すると、互いに競争して根を深い位置まで伸ばし、養水分を十分に吸収できるようになります。そして、豆がしっかり肥大し、空さやも少なくなります。

直まき、苗の植えつけいずれの場合も根を深く伸長させるため、深耕するか20cm以上の高畝をつくります。直まきでは、畑に直径5cmのまき穴を掘り、1穴に3粒ずつまきます。本葉が2枚の頃、健全で形のよい2本を残し、1本は根元から切り取って間引きます。苗をつくる場合は、ポットに3粒ずつまき、初生葉が展開したら、1本を間引きます。そして、本葉1～2枚で畑に植えつけます。

なお、根が深く伸びると草勢が強くなり、蔓ボケしやすくなります。そのため、肥料は控えめにします。また、畑が肥沃で生育が旺盛な場合は、摘芯して生育を抑えます。

※種まき・植えつけ時期／畑の準備／株間・条間・畝幅は、65ページに準じる。

どうまく？

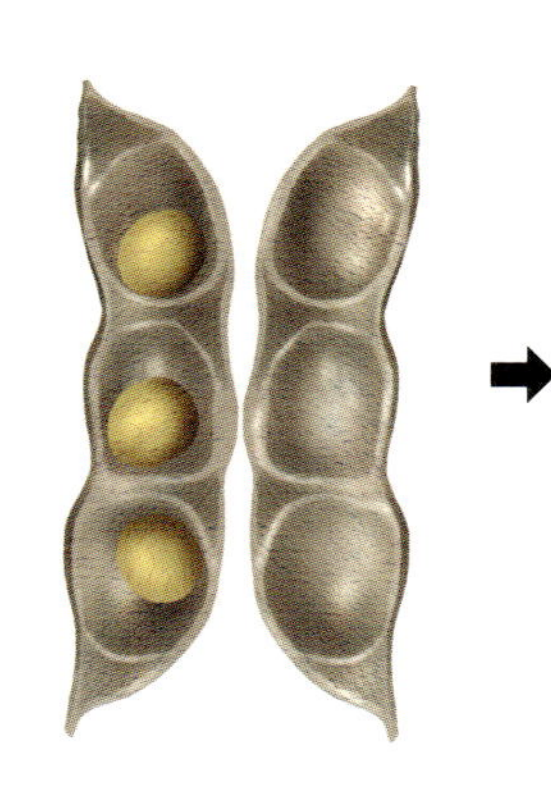

エダマメの種。
１つのさやに２～３粒の種が入っている

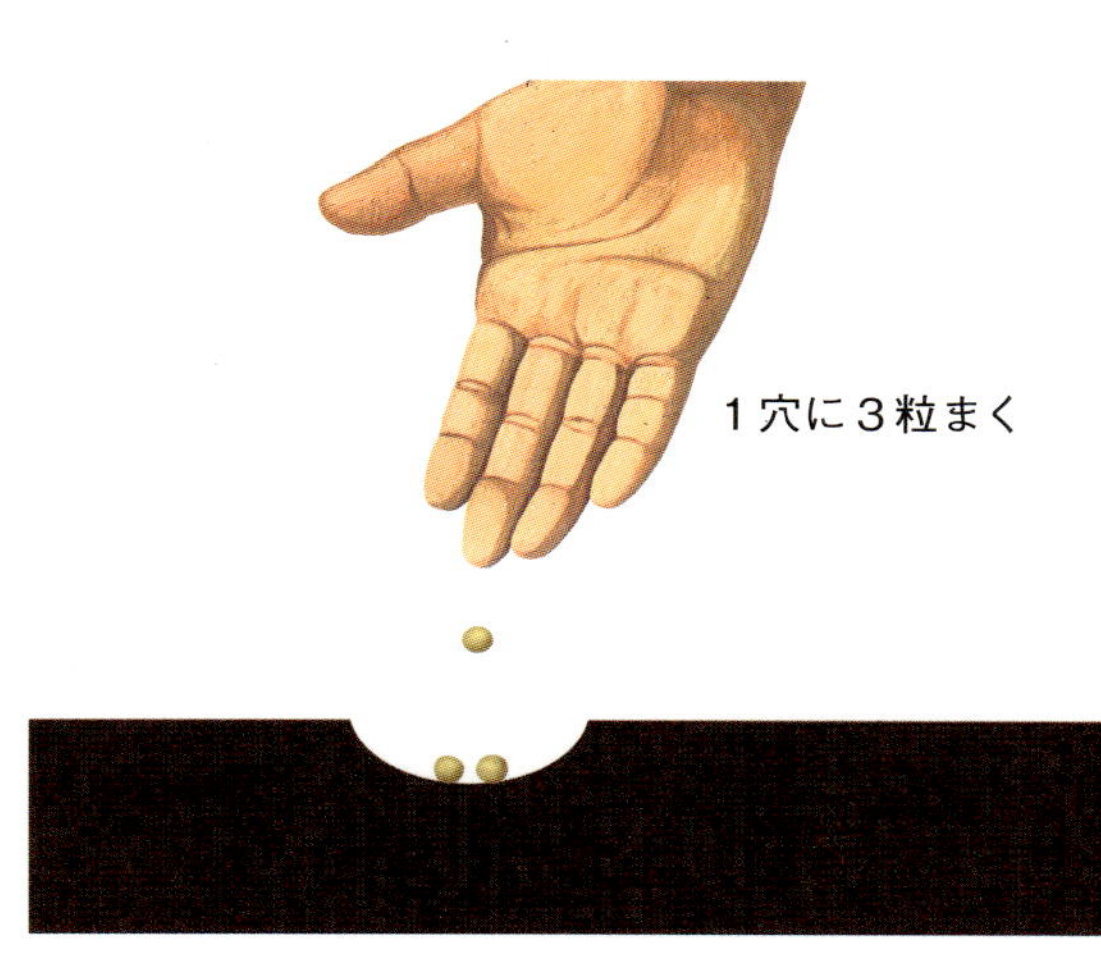

こうなる！

３粒まき

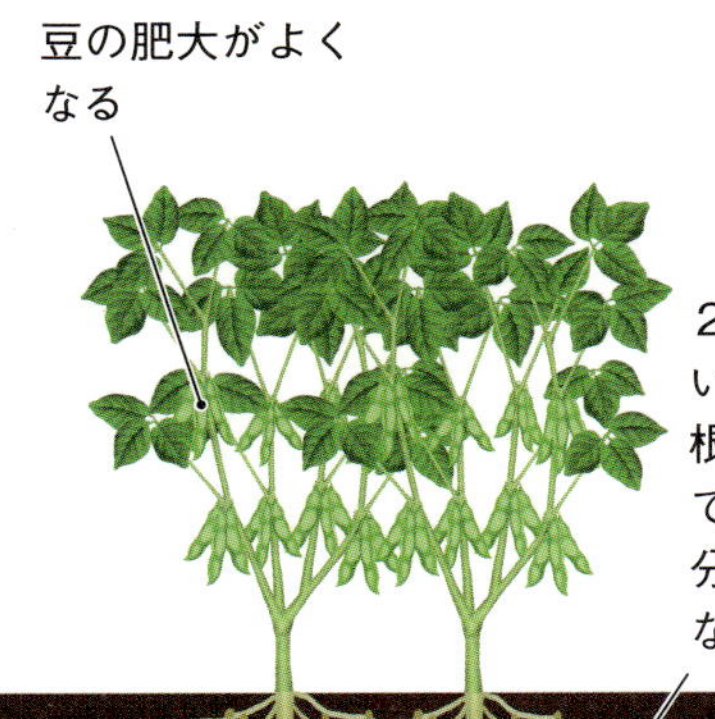

豆の肥大がよくなる
２株が互いに競い合うことで、根を地中深くまで伸ばし、養水分の吸収がよくなる

普通栽培

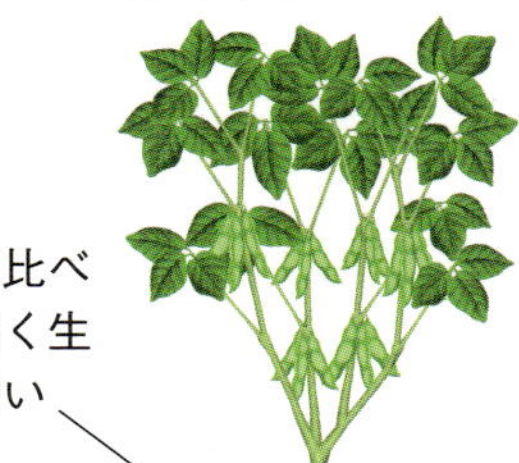

豆の肥大期に根が浅いと、空さやが多くなる
２株に比べ根が浅く生育も悪い

裏ワザ③

発芽率が上がり生育がよくなる
キュウリとの混ぜまき

※種まき時期／畑の準備／株間・条間・畝高・畝幅は、65ページに準じる。

エダマメの種には、油脂分が多く含まれています。そのため、保存状態が悪いと油脂分が変質し、採種から2年を過ぎると、発芽率が急激に低下します。ところが、キュウリのこぼれ種がある畑にエダマメをまくと、古い種でも発芽がよくなるということが、昔から知られていました。

じつはキュウリには、自らが発芽する前に、発芽促進物質をつくりだして、まわりの他の植物の発芽を促す性質があります。まわりに植物が生えていれば、キュウリが発芽したときに、それらの植物に巻きひげを絡ませ、生長していけるからです。

このようなキュウリの性質を利用したのが、エダマメとの混ぜまきです。いっしょに種をまくことで、エダマメの発芽とその後の生育がよくなります。

また、伝承技術として行われてきたように、古くなってしまった種の発芽率を上げることもできます。

エダマメの種は、キュウリの種を挟むように、2～5㎝ほどの間隔で両側にまきます。キュウリがエダマメの発芽を促進するため、エダマメの発芽揃いがよくなります。

ただし、キュウリは、発芽後のエダマメの生育を抑制します。そのため、エダマメが発芽したら、キュウリは株元から切り取ります。

どうまく？

キュウリの種を挟むように
両側にエダマメの種をまく

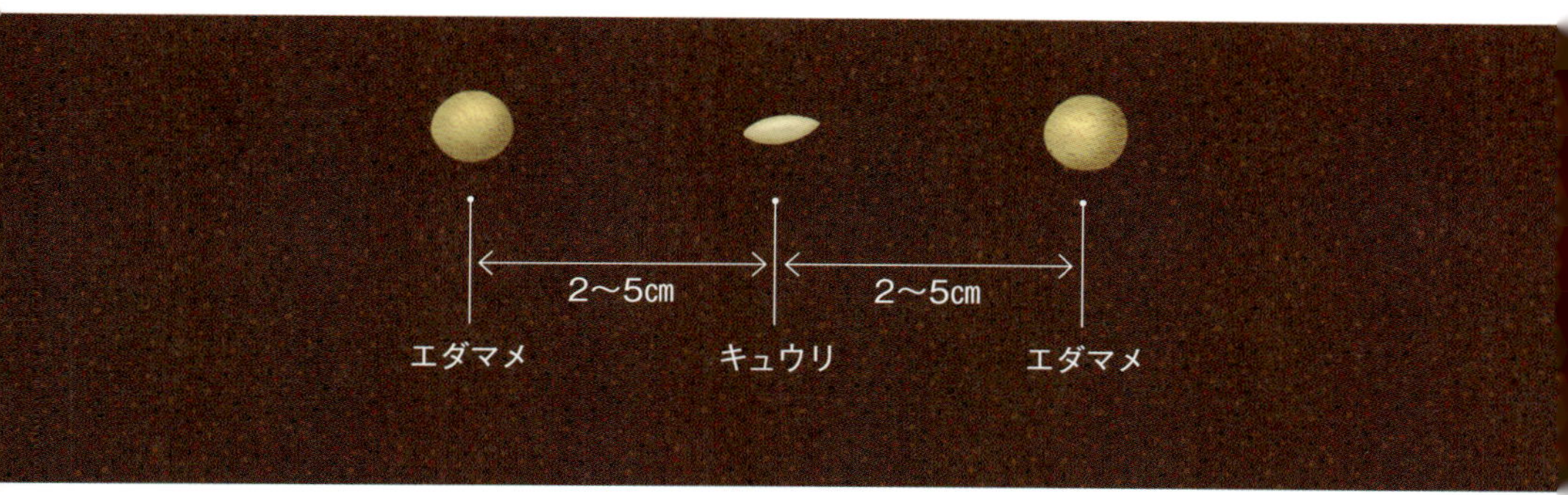
2〜5㎝
2〜5㎝
エダマメ
キュウリ
エダマメ

キュウリが発芽促進物
質をつくりだし、まわ
りの植物の発芽を促す

こうなる！

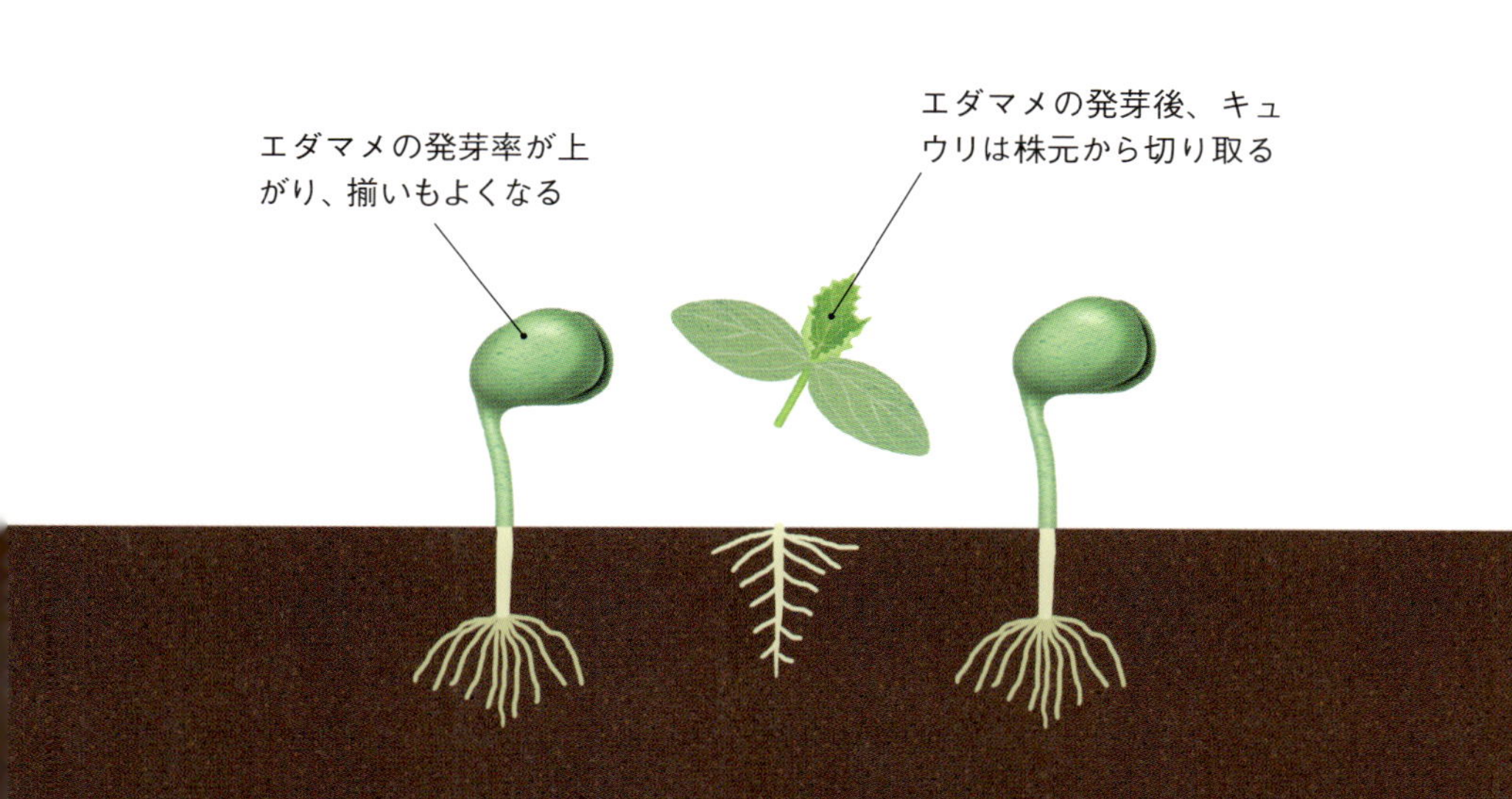
エダマメの発芽率が上
がり、揃いもよくなる
エダマメの発芽後、キュ
ウリは株元から切り取る

裏ワザ④

草生栽培

乾燥に強くなる

エダマメは少ない日照で生育でき、トウモロコシの日陰などでも栽培できます。逆に、日に当たりすぎると、かえって生育が悪くなります。また、夏の高温乾燥期には、水分が不足しがちになります。水分が不足すると、エダマメは空さやが多くなります。

高温乾燥が激しかった年に、草を取らなかった畑と、きれいに除草した畑を観察すると、草を取らなかった畑のエダマメのほうが、生育がよいことがわかります。

エダマメの草生栽培は、畑に生える雑草を利用して、エダマメを強い太陽光線から守る栽培方法です。さらに、雑草が地中深くから吸い上げる水により、干ばつの影響を受けにくくします。

エダマメは、普通栽培と同じように、畑に種をまくか、苗を植えつけます。

土寄せまでは、普通栽培と同じように除草し、その後に生えてくる草は、そのまま畑に残します。そうすることで、強い日ざしからエダマメが守られます。

エダマメや草の根には、菌根菌が共生します。菌根菌は、エダマメと草のネットワークを形成して、両者は養水分を共有するようになります。さらに、菌根菌の菌糸はエダマメや草の根の2倍程度も土中に広がります。そのため、より広い範囲から養水分を集めることができます。

※植えつけ・種まき時期／畑の準備／株間・条間・畝高・畝幅は、65ページに準じる。

どう植える？

畑に種を直まきするか、本葉
１～２枚の苗を植えつける

土寄せまでは、
除草する

こうなる！

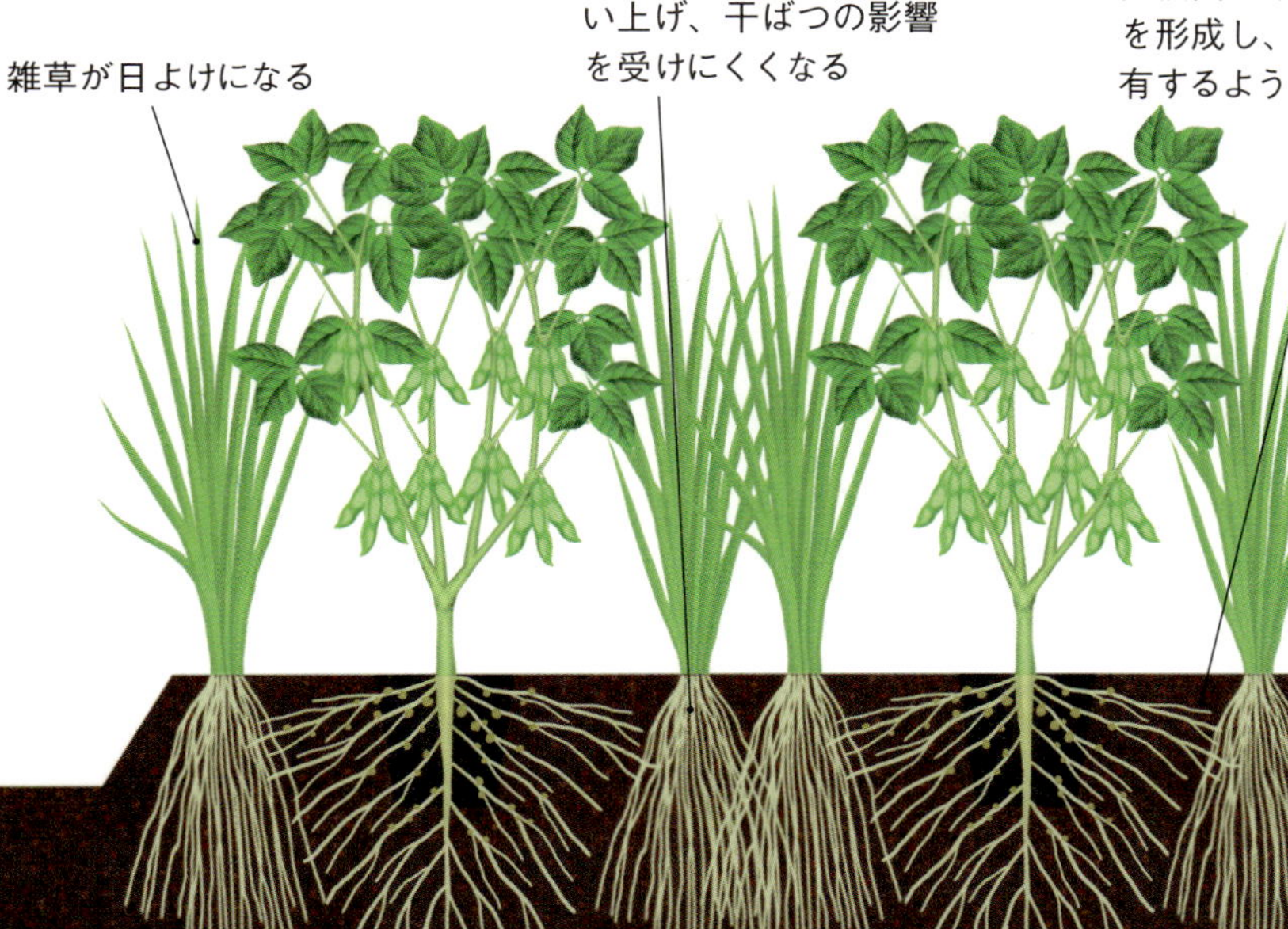
雑草が日よけになる
雑草が地中から水を吸い上げ、干ばつの影響を受けにくくなる
エダマメと雑草の根の菌根菌がネットワークを形成し、養水分を共有するようになる

ラッカセイ

●分類　マメ科
●原産地　南米アンデス東麓

しっかりと土寄せをする

ラッカセイは23～28℃の高温と乾燥を好みます。土壌をあまり選ばず、育てやすい野菜です。

種は、苗の植えつけの30日前に、さやから出して1晩水に浸し、ポリポットに1粒ずつまきます。そして、本葉2～3枚の頃に株間30cmで植えつけます。ラッカセイは、その名の通り開花すると子房柄が伸び、土に潜ってさやが肥大するため、草丈が30cm前後になったら追肥して、株元にやわらかい土を寄せます。

ラッカセイの豆は栄養分に富んでいるため、害虫の被害を受けやすく、特にマメコガネが好みます。有機質肥料は害虫を誘引するため、さやが土に潜り始めたら、追肥は行いません。

ラッカセイは、未熟なものをゆでて食べる場合と、完熟したものを乾燥させて煎ったり加工したりする二つの用途があり、収穫時期が異なります。ゆでる場合は、さやを押すとつぶれるやわらかい時期に、乾燥させる場合は、さやの網目がくっきりし押してもつぶれなくなってから収穫します。

乾燥させる場合は、葉が黄色くなったら株を引き抜き、2～3日畑に広げ、さらに4～5日風通しがよく雨の当たらない場所に吊るして乾かします。その後株から外し、さやのまま保存します。ゆでて食べる場合は、完熟の20日前を目安に収穫しますが、早すぎると青臭くておいしくありません。試し掘りしてから収穫します。

基本の植えつけ

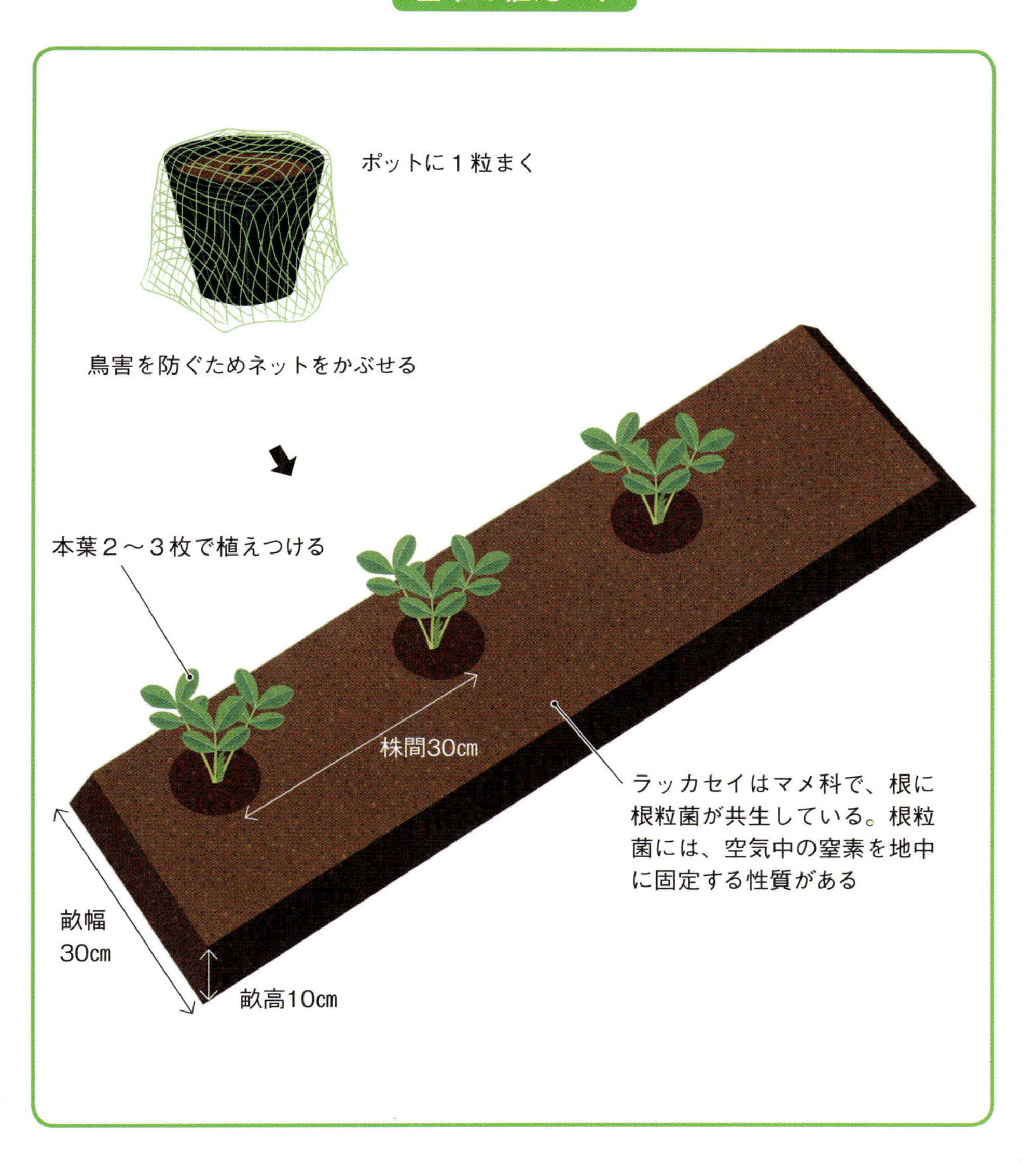
ポットに１粒まく
鳥害を防ぐためネットをかぶせる
本葉２～３枚で植えつける
株間30㎝
ラッカセイはマメ科で、根に根粒菌が共生している。根粒菌には、空気中の窒素を地中に固定する性質がある
畝幅30㎝
畝高10㎝

植えつけ時期

一般地　５月上旬～５月下旬
寒冷地　５月中旬～６月上旬
温暖地　４月中旬～６月上旬

畑の準備

植えつけの３週間以上前に、完熟堆肥と油粕や米ぬかなどの有機質肥料を施用してよく耕す。前作が野菜であった場合は、残肥のみで栽培できる。

裏ワザ 1

根切り植え

土寄せがいらず、草勢も強くなる

※植えつけ時期／畑の準備／株間・畝高・畝幅は、75ページに準じる。

ラッカセイは、根を切断して植えつけると、根が深く伸びずに、土の浅い位置に広がるように伸びていきます。

ラッカセイの根と茎の伸長は連動しています。そのため、根が横に伸びると、地上部の茎も立性にならず、地下部と同じように横に広がっていきます。そして、茎が地表を這うように伸びていくため、子房柄は容易に土の中に潜ることができます。これにより、根切り植えでは土寄せの作業が省略できます。

根切り植えでは、普通栽培と同じように、ポリポットで育苗します。そして、本葉2～3枚頃、ポットから取り出し、土をよく落とします。その後、鉢の中でとぐろを巻いた根をまっすぐに伸ばし、根の3分の2を切り落として株間30cmで植えつけます。根が切断されているため、植えつけ後は十分に灌水して、活着を促します。

植えつけ初期の生育は若干遅れますが、根が活着すると、地表を這うように茎が伸長し始めます。また、植えつけ時に根切りを行うことで、新たな根の発生が促されます。ポットの中で根が張ると、苗の老化が進んでしまいますが、新たな根を発生させることで、苗を若返らせることができ、草勢も強くなります。

なお、土寄せは省略できますが、草丈30cmになったら追肥します。

どう植える？

種は１晩水に浸けてから、ポットに１粒ずつまく。ネットをかぶせておくとよい

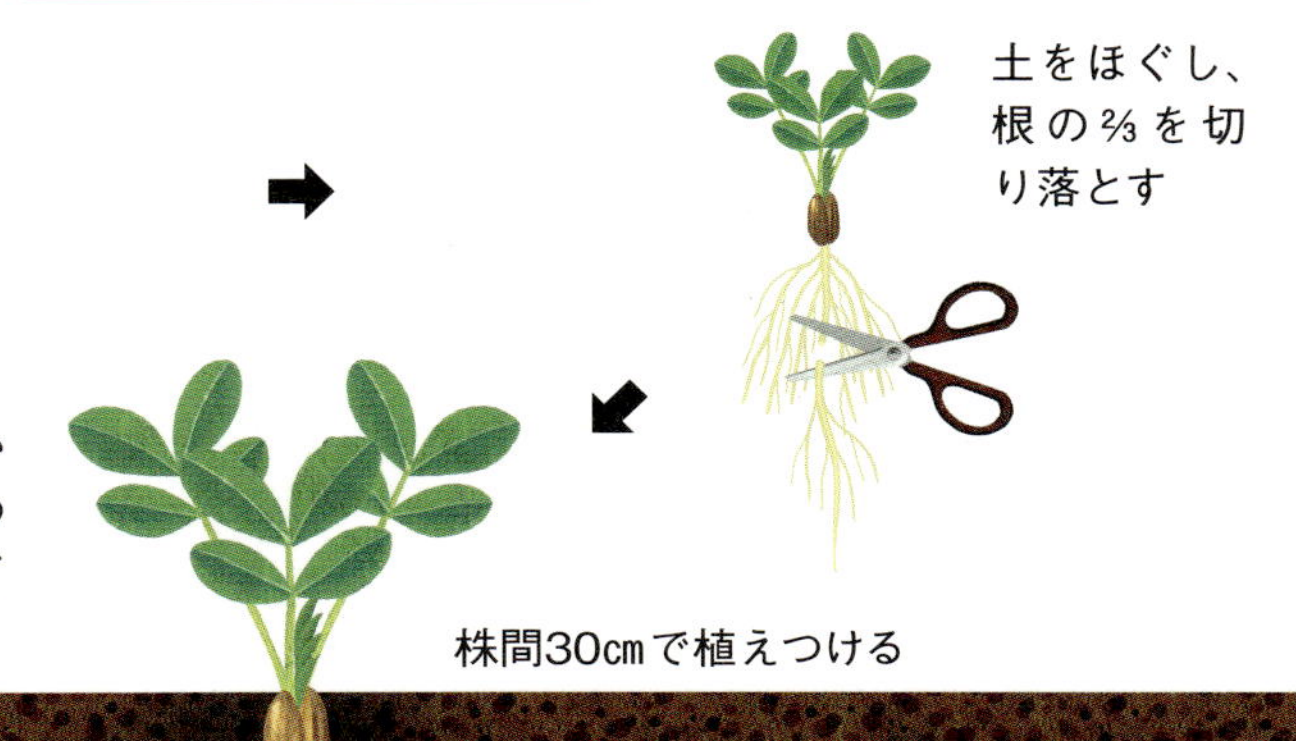

こうなる！

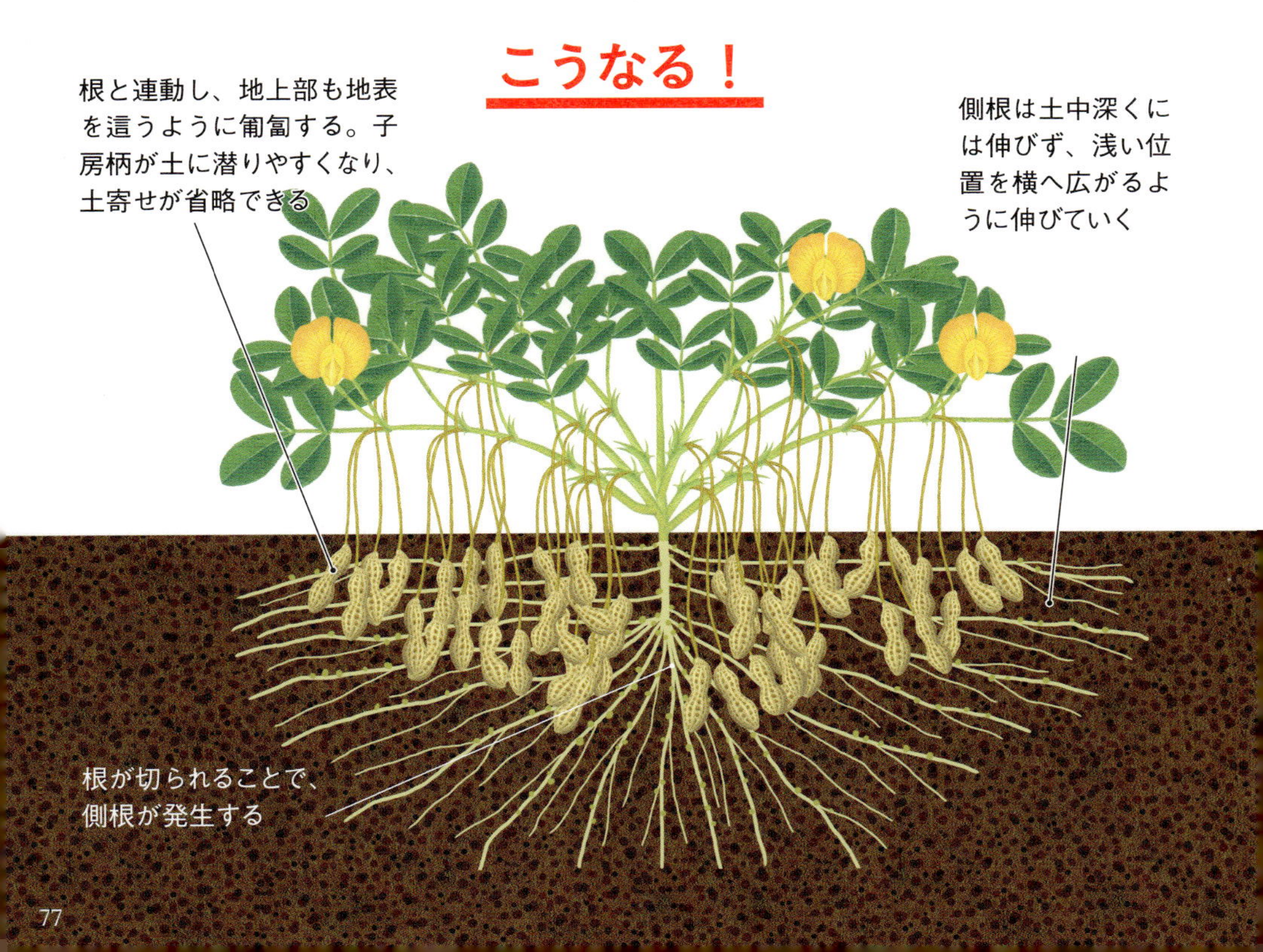

根と連動し、地上部も地表を這うように匍匐する。子房柄が土に潜りやすくなり、土寄せが省略できる
側根は土中深くには伸びず、浅い位置を横へ広がるように伸びていく
根が切られることで、側根が発生する

裏ワザ②

畑に直まき

草勢が強くなり、収量もアップ

ラッカセイは、直まきすると根が深く伸びて草勢が強くなり、収量が増加します。ただし、根が深く伸びる分、茎は匍匐型から立性になります。このため、さやが土の中に潜りにくくなるので、十分に土寄せする必要があります。

種まきは、普通栽培の苗の植えつけと同じ頃に行います。前日には、畑に生えてきた雑草を取り除き、レーキなどをかけて、土の表面を平らにならしておきます。また、種はさやから取り出し、1晩水に浸して吸水させます。

種は、株間30㎝で直径5㎝のまき穴をつくり、1穴に2〜3粒まきます。また、鳥害に遭いやすいため、ネットなどをかぶせておきます。

そして、本葉が1〜2枚の頃、形がよく病害虫に侵されていない1本を残し、残りは株元から切り取って間引きます。直まきの場合、草勢が強くなり、茎葉は立性になって、花もたくさん咲くようになります。

しかし、このままでは花が咲いても子房柄が土に届かないため、折れない程度の力をかけ茎を地表に倒します。また、草丈が30㎝前後に生長したら、追肥するとともに茎の一部が土に隠れる程度に土寄せして、子房柄を土に潜りやすくします。土寄せを十分に行うことができれば、直まきでの収量は、普通栽培に比べて2〜3割多くなります。

※畑の準備／株間・畝高・畝幅は、75ページに準じる。

どうまく？

種は１晩吸水させる

１穴に２～３粒まく。鳥害を防ぐため、ネットをかぶせておくとよい

こうなる！

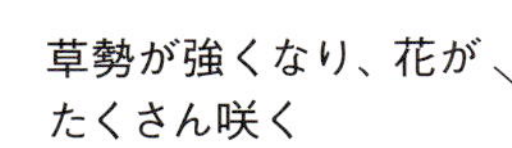
草勢が強くなり、花がたくさん咲く
茎は立性となる
子房柄を地中に潜りやすくするため、土寄せが必要
収量が２～３割多くなる
根は地中深くまっすぐ伸びる

インゲンマメ

●分類　マメ科
●原産地　中南米

直まきでも植えつけでも育てられる

インゲンマメは、18～28℃の温暖な気候を好みます。「蔓なし」と、「蔓あり」があり、蔓なしだと収穫期間が短く、蔓ありだと長くなります。蔓ありの場合、側枝まで収穫すると、収穫期間はさらに長くなります。

種は、畑に直まきする方法と、ポリポットで育苗して植えつける方法があります。エダマメと同じように、苗を植えつける場合は早い時期からの栽培が可能になり、直まきでは草勢が強くなります。苗をつくる場合、植えつけの30日前に9cmポットに1粒ずつ種をまき、本葉4～5枚に生育したら株間30cmで植えます。直まきの場合、苗の植えつけ時期の頃、株間30cmで1粒ずつまいていきます。

苗の植えつけ、直まきともに、蔓が伸びてきたら、最初だけ支柱に誘引します。その後は、自然に支柱に絡みついて伸長します。収穫は毎日行います。土中の養分が消費されるので、不足する栄養分は、ボカシ肥などを追肥して補います。草丈が20cmの頃に1回目を株元に、その20日後に2回目を畝の肩の部分に施します。

インゲンマメは、豆というより、未熟なさやを利用します。受粉がうまく行われると、さやの豆がすべて肥大し、まっすぐにふっくらと伸長します。花粉量が多ければ受粉しやすいので、花に養分がまわるよう、肥大したさやは若採りします。

基本の植えつけ

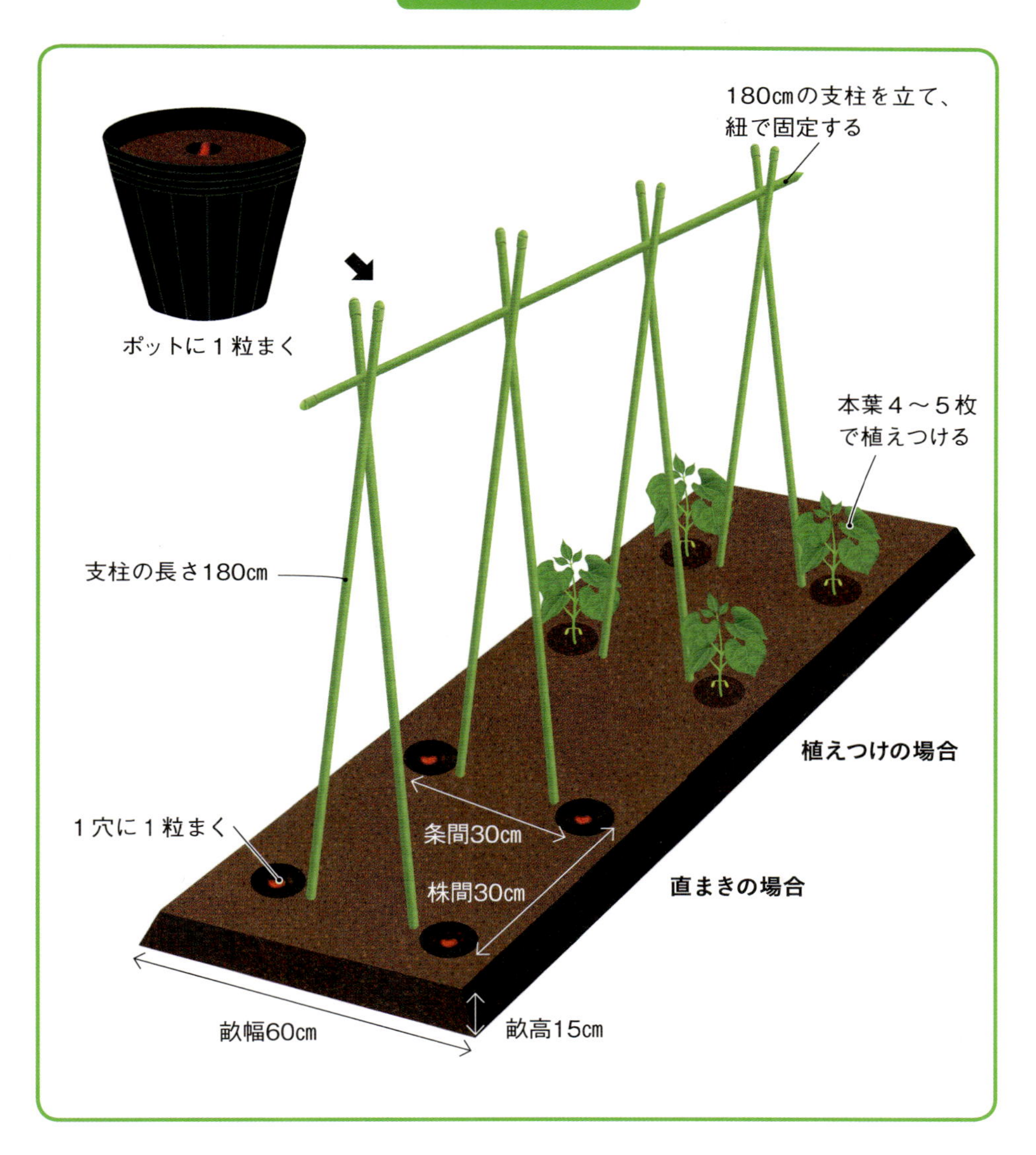
180cmの支柱を立て、
紐で固定する
ポットに１粒まく
本葉４～５枚
で植えつける
支柱の長さ180cm
植えつけの場合
１穴に１粒まく
条間30cm
株間30cm
直まきの場合
畝幅60cm
畝高15cm

植えつけ時期

一般地　５月中旬～７月中旬
寒冷地　６月上旬～７月上旬
温暖地　４月中旬～７月下旬

畑の準備

植えつけの３週間以上前に完熟堆肥と、油粕や米ぬかなどの有機質肥料を施用してよく耕す。30cm間隔で180cm以上の支柱を立て、支柱どうしを紐などで固定する。

裏ワザ①

発芽揃いがよく生育が旺盛

3粒まき

※種まき・植えつけ時期／畑の準備／株間・条間・畝高・畝幅は、81ページに準じる。

インゲンマメのさやを割ってみると、中には8粒前後の豆が入っています。これは、自然界では集団で種がまかれることを意味します。インゲンマメを1粒だけでまいた場合と、3粒でまいた場合を比べてみると、3粒でまいたほうが発芽揃いとその後の生育がよくなります。

直まきの場合は、株間30cmで直径5cmの穴に3粒ずつ種をまきます。苗を植えつける場合は、9cmのポリポットに3粒ずつまきます。

直まきでも苗の植えつけでも、発芽した3株すべてを生育させると、収穫量は多くなりますが、支柱に茎葉が混みあって風通しが悪くなり、病害虫被害に遭いやすくなります。そこで、本葉1～2枚の頃、葉の形がよく、病害虫に侵されていない株を2本残し、1本は株元から切り取って間引きます。

植えつけの場合は、本葉が3～4枚に生長したところで、根鉢を崩さず2株まとめて、30cm間隔で畑に植えます。そして、蔓が伸びてきたら、2株とも支柱に誘引します。

やがて、節ごとに花を咲かせて実を結び、次々と収穫できるようになります。しかし、さやの中の豆が肥大を始めると、花が咲かなくなってしまうので、大きくなる前にできるだけ若採りします。また、蔓が支柱の上段まで伸びたら摘芯して、側枝を伸ばし、側枝からも収穫します。

どうまく？

インゲンマメのさやには８粒前後の豆が入っている

３粒まき

１穴に３粒まく

普通栽培

１穴に１粒まく

こうなる！

３粒まき

株が互いに競い合って根を伸ばし、１粒でまいた場合より、生育が旺盛になる

普通栽培

３粒まきに比べて根が伸びていない

裏ワザ②

株元連続まき

高品質の実を長く収穫できる

収穫中のインゲンマメの株元に種をまいて若い株に更新し、長期間にわたってインゲンマメを収穫できるようにする方法です。

温暖地の場合、インゲンマメは4月中旬～7月下旬まで種をまくことができます。そこで、最初の株は気温の低い4月中旬にポリポットに種をまき、5月中旬に苗を植えつけます。するとこの株は、6月下旬から収穫できます。やがて、7月上旬に蔓が支柱の頂部まで伸長したら、株元に新たな株の種を1穴に3粒まき、本葉1～2枚で1株に間引きます。そして、蔓が伸びてきたら、支柱に誘引します。なお、最初の株を直まきで育てることも可能ですが、この場合は地温が上昇する5月中旬に畑にまきます。

通常、インゲンマメは主茎の後、側枝からも収穫をします。しかし、側枝から収穫する頃には蔓が混みあって、収穫適期のインゲンマメが見つけにくくなり、収量も減ってきます。また、インゲンマメは、株が若いうちは草勢が強く、さやの肥大も早いのですが、老化してくると肥大が遅くなり、病害虫の被害を受けやすくなります。

そこで、最初の株は、主茎からの収穫が終わったら、側枝は伸ばさず、株元から切って、取り除きます。そして、新たに伸びてくる株へと更新することで、高品質のインゲンマメを、長期間にわたり連続して収穫できるようにします。

※畑の準備／株間・条間・畝高・畝幅は、81ページに準じる。

どうまく？

5月中旬に植えつけた株の蔓の先端が、支柱の頂部まで届く
さやの中の豆が肥大しすぎる前に若採りしていく
株元に新たな種をまく

こうなる！

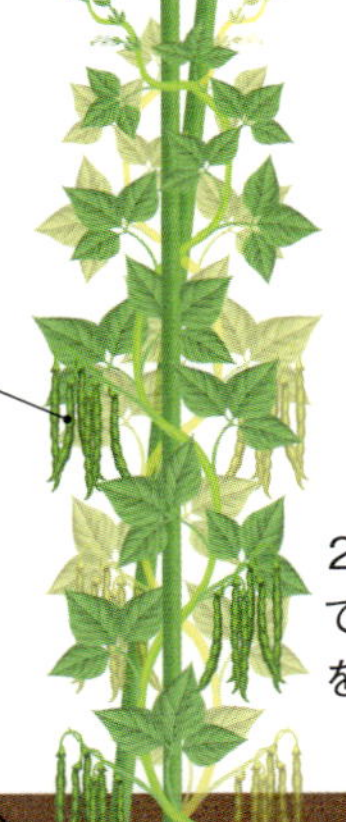
株元にまいた種から蔓が伸び、新たな株として収穫できるようになる
古い株は、主茎からの収穫が終わったら株元から切り取る
2株目の生育の途中で、さらに次の株の種を株元にまいてもよい
新しい株の根は古い株の根に沿って伸長し、より広範に伸びることができる

オクラ

●分類　アオイ科
●原産地　アフリカ東北部

適期を逃さず収穫する

オクラは、23～28℃の高温と乾燥を好みます。草丈が高くなり、水を求め根を深く伸ばす性質があります。

未熟なうちにさやごと利用するため、開花4日後に約6～7cmで収穫します。収穫が早すぎると種が入らず、粘りがありません。また、収穫が遅れると皮がかたくなり、食用に向きません。

ゆっくり生長したオクラはやわらかく、独特のネバネバ感があります。また、産毛が密生して全体的にふっくらし、つけ根から先に向かい、しだいに細くなります。一方、草勢が強く、急激に生長したものは、つけ根が太く、先細りになります。

オクラは、苗を育てて植えつけても、種を畑に直まきしても、どちらの方法でも育てられます。苗をつくる場合は、植えつけの40日前に9cmのポリポットに種を1粒まき、本葉が2～3枚の苗に仕立て、株間60cmで植えます。直まきでは苗の植えつけと同じ頃、株間60cmで、1穴に1粒種をまきます。そして、どちらの方法でも生育が盛んになってきたら、ボカシ肥を3週間に1回の割合で追肥します。

1本仕立てで育てると、養水分が十分に供給されるため、草勢が強くなります。また、節間が短く生育し、花数が多くなり1株あたりの収量が多くなります。果実の肥大も早いですが、その反面、すぐにかたくなります。

基本の植えつけ

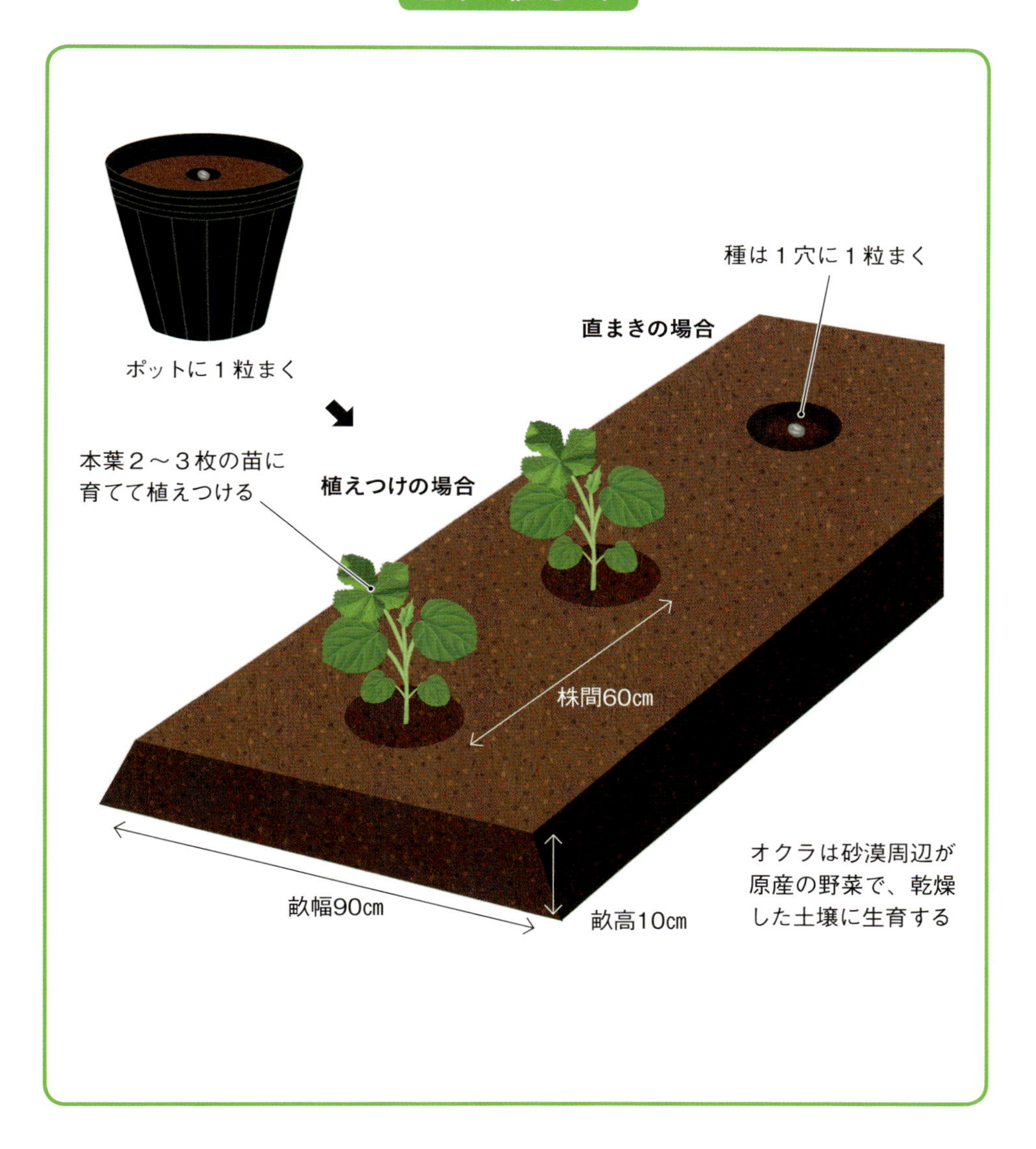
ポットに１粒まく
本葉２～３枚の苗に
育てて植えつける
植えつけの場合
直まきの場合
種は１穴に１粒まく
株間60㎝
畝幅90㎝
畝高10㎝
オクラは砂漠周辺が
原産の野菜で、乾燥
した土壌に生育する

植えつけ時期

一般地　５月上旬～５月下旬
寒冷地　６月上旬～６月下旬
温暖地　４月中旬～６月下旬

畑の準備

植えつけ３週間以上前に、完熟堆肥と有機質肥料を施用し、深さ20㎝以上耕すか、畝の部分を幅60㎝×深さ20～30㎝掘り、完熟堆肥や乾燥した落ち葉を入れて土を戻す。

裏ワザ1

4〜10粒まき

収穫適期が長くなり、収量もアップ

※種まき時期／畑の準備／株間・畝高・畝幅は、87ページに準じる。

4株以上をまとめて育て、長期間にわたりやわらかいオクラを収穫するための種まき方法です。オクラを1本仕立てで育てると、茎が太くなり、節間が短くなります。オクラは節ごとに花を咲かせるため、節間の数が多いほど、1株からの収量は増えます。ただし、草勢が強いため果実の成熟も早く、収穫が1〜2日でも遅れると、果実がかたくなってしまいます。

一方、1穴に4粒〜10粒の種をまくと、養水分や光をめぐり競合が生じるため、茎の細いオクラが株立ち状に育ちます。このような株では、葉でつくられた養分のさやへの転流が少なくなるため、成熟が進まず、収穫適期が長くなります。

また、茎が細く節間が長いため、1株からの収穫量は少なくなりますが、株数が多いので、単位面積当たりの収量は増加します。

1穴にたくさんの種をまくと、発芽と発芽揃いがよくなります。また、茎葉が混み合って生育するので、光が十分当たるよう、それぞれの株は畝の外側に茎を広げます。畑を見回るたびに、折れない程度の力で、畝の外側に向け、手で押すとよいでしょう。収穫が終わった節から伸びた葉は、果実の肥大には関係ないので、取り除いて風通しをよくします。また、茎が細いので、風になびき、茎が折れることはほとんどなく、台風などの被害を受けにくくなります。

どうまく？

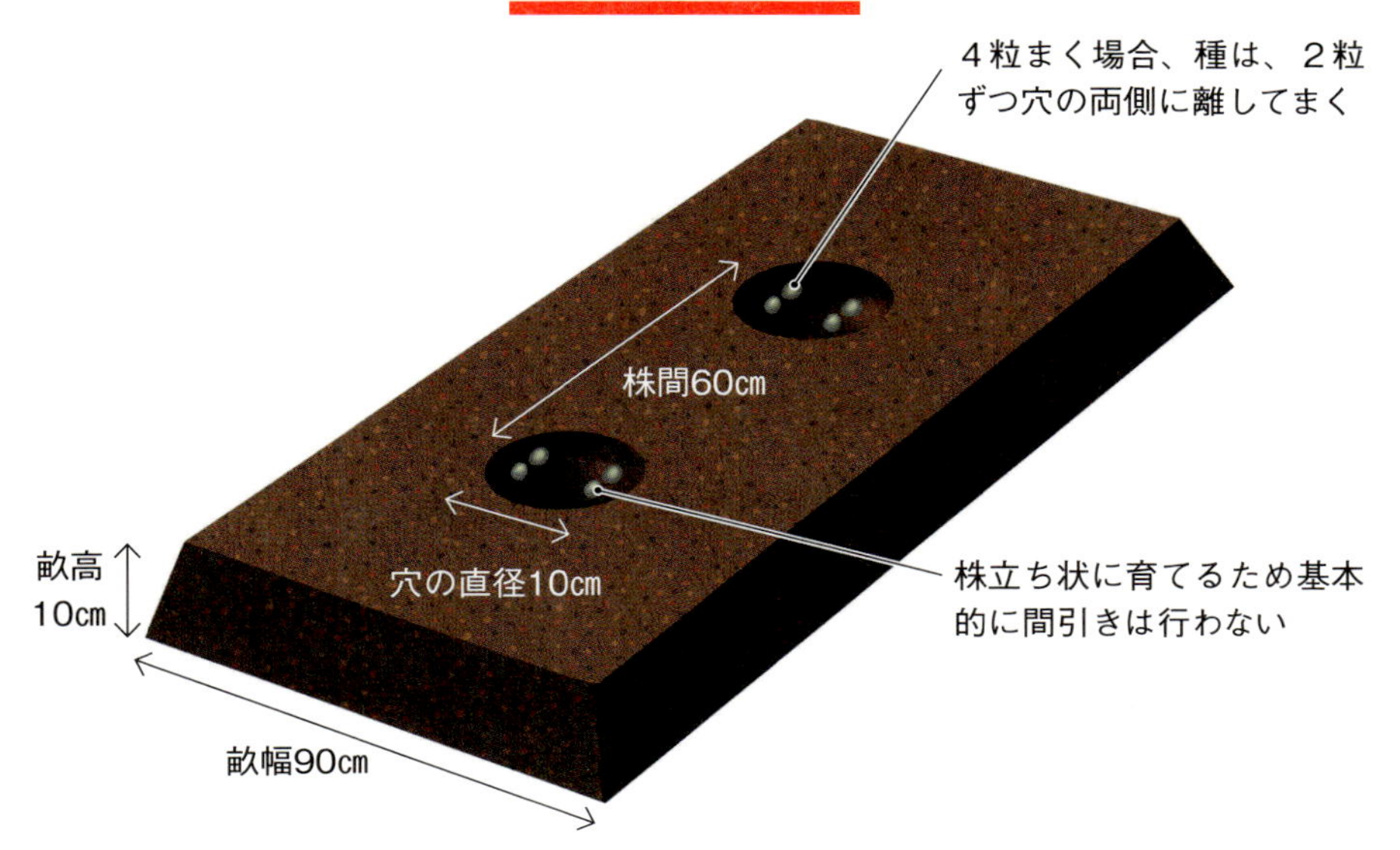
4粒まく場合、種は、2粒
ずつ穴の両側に離してまく
株間60㎝
畝高
10㎝
穴の直径10㎝
株立ち状に育てるため基本
的に間引きは行わない
畝幅90㎝

こうなる！

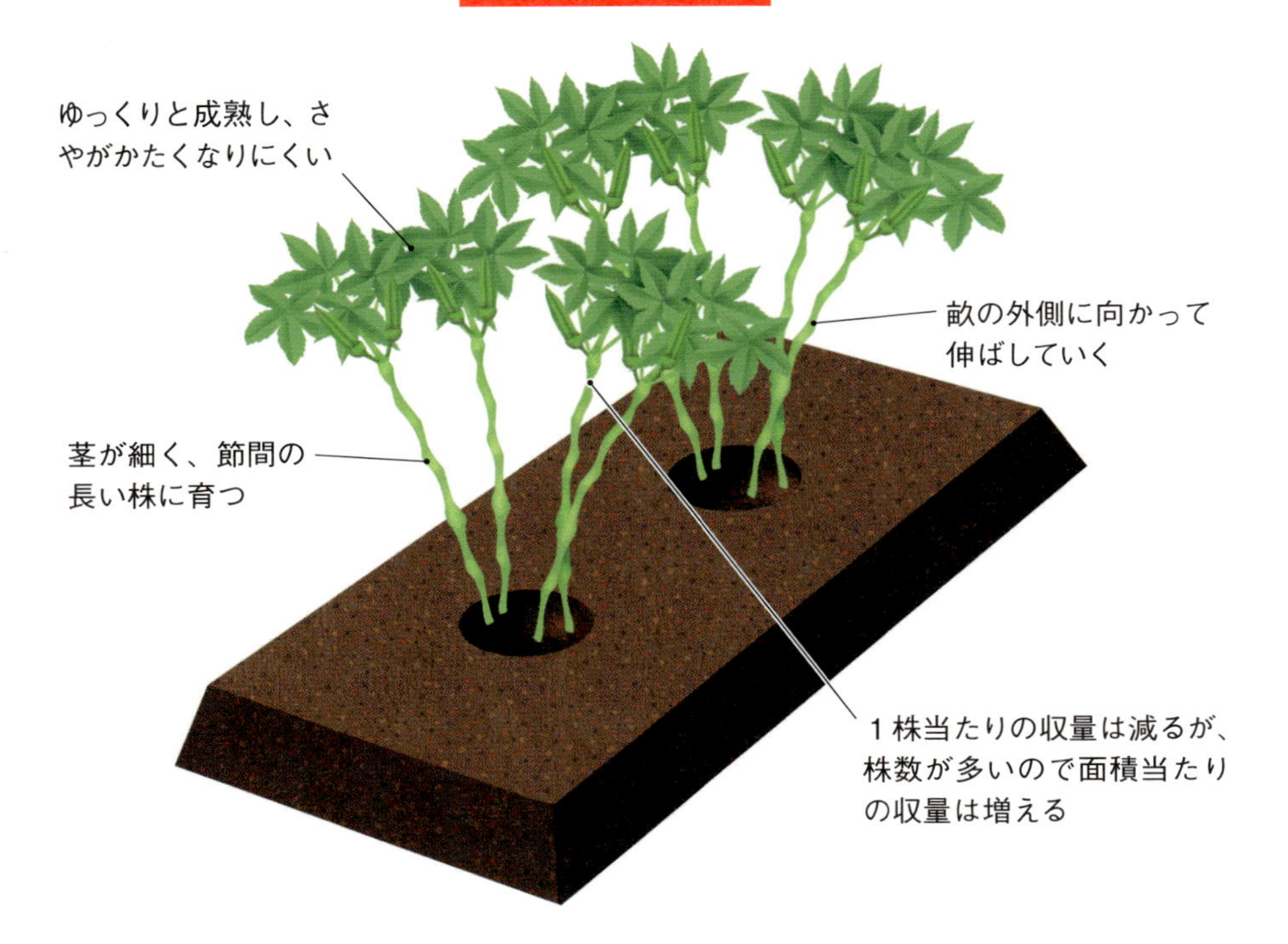
ゆっくりと成熟し、さ
やがかたくなりにくい
畝の外側に向かって
伸ばしていく
茎が細く、節間の
長い株に育つ
1株当たりの収量は減るが、
株数が多いので面積当たり
の収量は増える

キャベツ・ブロッコリー

●分類　アブラナ科
●原産地　地中海沿岸

曇った夕方に植えつける

キャベツとブロッコリーは、12～23℃の冷涼な気候を好みます。原種は、岸壁や岩混じりの土壌などに生えていたため、他の植物と共同して岩や石の間に根を伸ばす性質があります。このため、多くの植物といっしょに育つことで、生育がよくなります。また、アスファルトやコンクリートの小さな割れ目でも根を伸ばして生育するので、「ど根性キャベツ」などと紹介されることもあります。

種は、苗の植えつけの40日前に播種箱に7～8cm間隔でまき、ふるいなどで薄く覆土し、乾燥しないよう藁や新聞紙などで覆います。本葉2枚の頃ポリポットに鉢上げし、本葉5～6枚の苗に育成します。

キャベツ・ブロッコリーは、寒い時期に向かって育つ秋冬野菜なので、植えた当日は低温にさらし、日照時間を短くしたほうが、その後の生育がよくなります。そこで、曇天の夕方に植えます。活着したら、畝の片側に油粕などの有機質肥料を追肥して土寄せし、さらにその3週間後、畝の反対側に油粕などを追肥して土寄せします。

キャベツは、結球が始まり、手で押してかたく締まっていたら、収穫適期です。

ブロッコリーは、頂部の花蕾が隙間なく密生したら、包丁などで切り取ります。その後は、脇芽からも花蕾を収穫できます。

基本の植えつけ

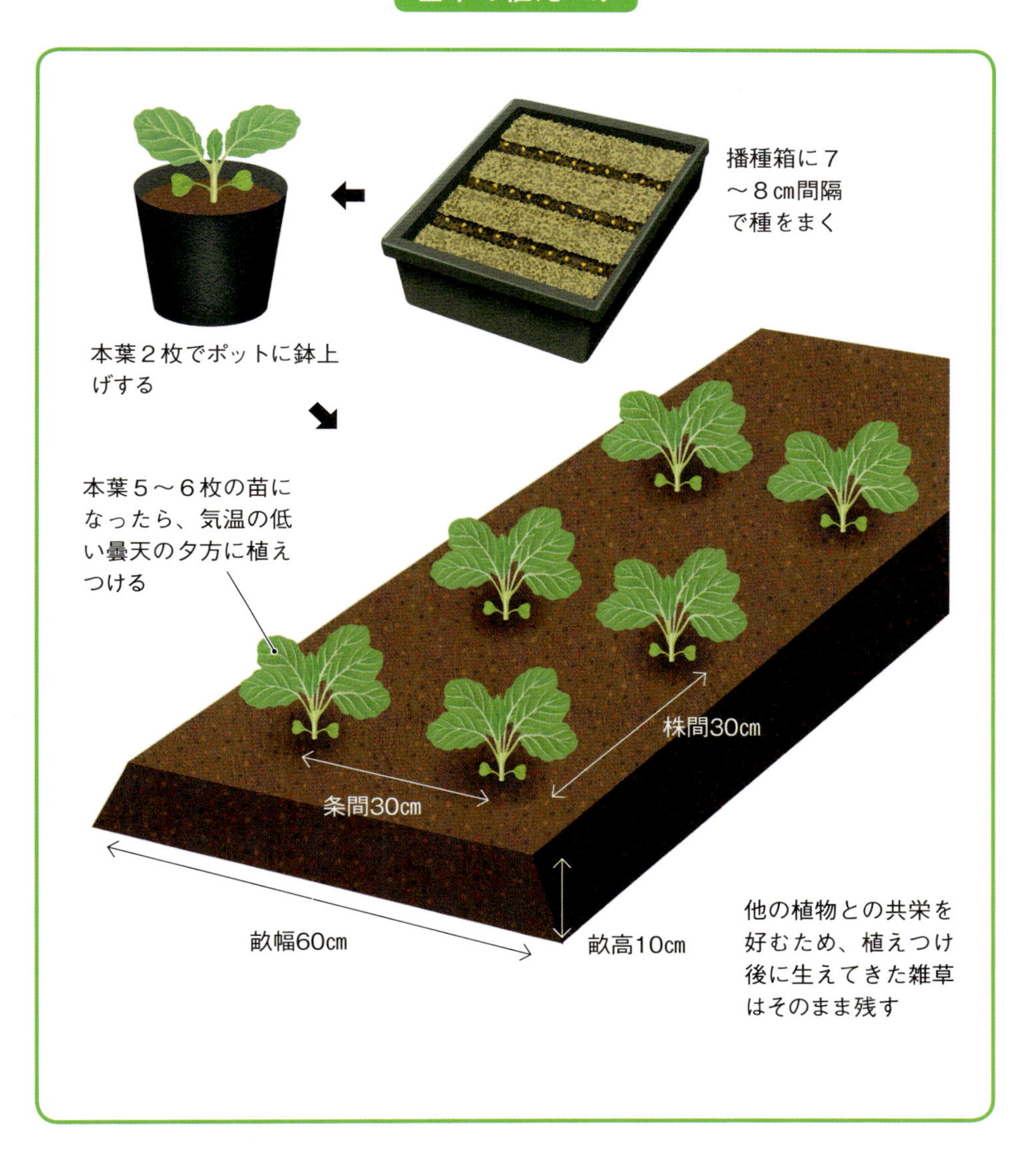

播種箱に7〜8㎝間隔で種をまく
本葉2枚でポットに鉢上げする
本葉5〜6枚の苗になったら、気温の低い曇天の夕方に植えつける
株間30㎝
条間30㎝
畝幅60㎝
畝高10㎝
他の植物との共栄を好むため、植えつけ後に生えてきた雑草はそのまま残す

植えつけ時期

一般地　9月上旬〜9月下旬
寒冷地　8月下旬〜9月上旬
温暖地　9月中旬〜10月中旬

畑の準備

植えつけの2週間以上前に、やや未熟な堆肥と、油粕や米ぬかなどの有機質肥料を施用してよく耕す。

裏ワザ❶

根切り植え

苗が若返り、害虫にも強くなる

※植えつけ時期／畑の準備／条間・畝高・畝幅は、91ページに準じる。

老化したキャベツやブロッコリーの苗は、植えつけ時の活着がよくありません。また、害虫の食害を受けやすくなります。そこで、苗が老化している場合は、根を切ってから植えつけ、新しい根を発生させて若返らせます。

キャベツやブロッコリーは多年草なので、根を切られてもすぐに再生します。また、茎からも、不定根が発生しやすい性質があります。

老化苗を、そのまま植えた場合と根切りして植えた場合を比べてみると、初期生育はそのまま植えたほうがよくなります。しかし時間がたつにつれ、根切り植えのほうが、生育がよくなります。

また、アブラナ科野菜は、草勢が強いと害虫による食害を受けにくいのですが、草勢が弱いと被害が大きくなる傾向があります。草勢が強くなる根切り植えでは、食害が少なくなります。

植えつけは、普通栽培と同じく曇天の夕方に行います。まず苗をポリポットから取り出し、土をよく落とします。次に、根を長さ3分の2ほどハサミや手で切り取ります。根切り植えでは草勢が強くなるため、株間はやや広く、35㎝とします。根が切断されているため、植えつけ後は十分に灌水しましょう。活着したら、普通栽培と同じように、畝の片側に油粕などの有機質肥料を追肥して土を寄せます。さらに、その3週間後に畝の反対側に油粕などを追肥して土を寄せます。

どう植える？

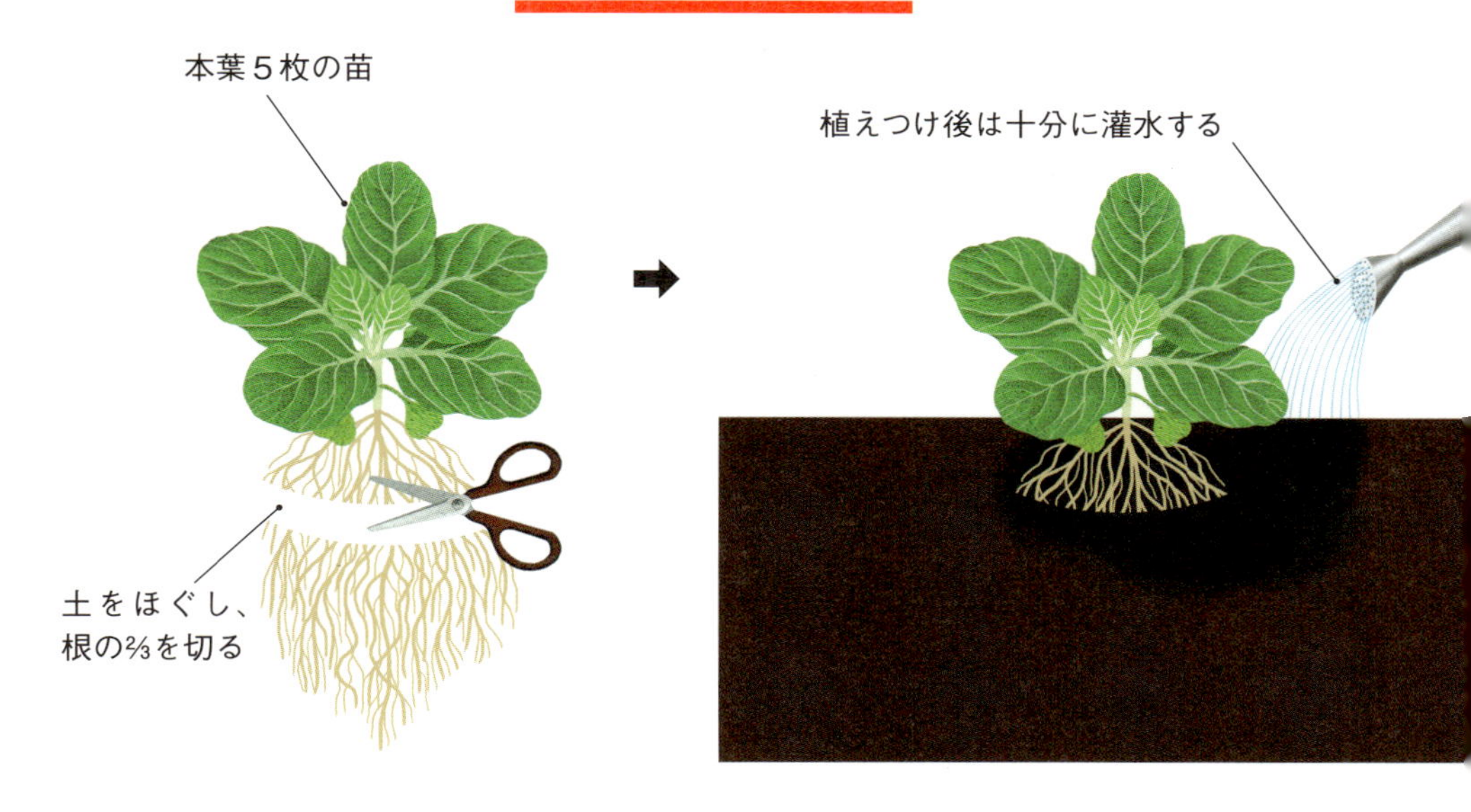
本葉５枚の苗
土をほぐし、
根の⅔を切る
植えつけ後は十分に灌水する

こうなる！

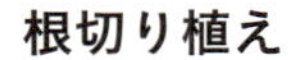
根切り植え

普通栽培

草勢が強くなり、害虫に
よる被害に遭いにくい

害虫による被害を
受けやすい

裏ワザ②

害虫の被害に遭いにくい

キク科野菜との混植

ヨトウムシ、アオムシ、コナガの幼虫は、キャベツやブロッコリーに大きな被害を与えます。これらの害虫は、レタスやサンチュなどのキク科野菜を忌避するので、キク科野菜を混植すると防除できます。なお、アブラナ科野菜とキク科野菜に共通の害虫はほとんどいません。また、キク科野菜の害虫はアブラナ科野菜を忌避します。

植えつけのさいは、キャベツやブロッコリー10株に対し、キク科野菜4株の割合で混植します。ただし、キク科野菜による害虫の産卵行動の抑制効果は、農薬のような絶対的なものではありません。このため、周囲にアブラナ科野菜が栽培されていないところや、逆にアブラナ科野菜が多く害虫が多発するところでは、忌避効果を高める必要があります。そのような場合は、キク科野菜の割合を増やしたり、キャベツやブロッコリーは畝の中央に植え、これを囲むようにレタスやサンチュを畝の両側に植えつけたりします。

レタスやサンチュは、低栄養でも十分生育します。アブラナ科野菜との栄養分の競合もほとんど生じず、混植しても肥料を増やす必要はありません。

また、レタスは、キャベツやブロッコリーより早く収穫できます。レタスが収穫できる頃になるとアブラナ科の害虫は産卵時期を過ぎるので、レタスを早く収穫しても問題ありません。

※植えつけ時期／畑の準備／株間・条間・畝高・畝幅は、91ページに準じる。

どう植える？

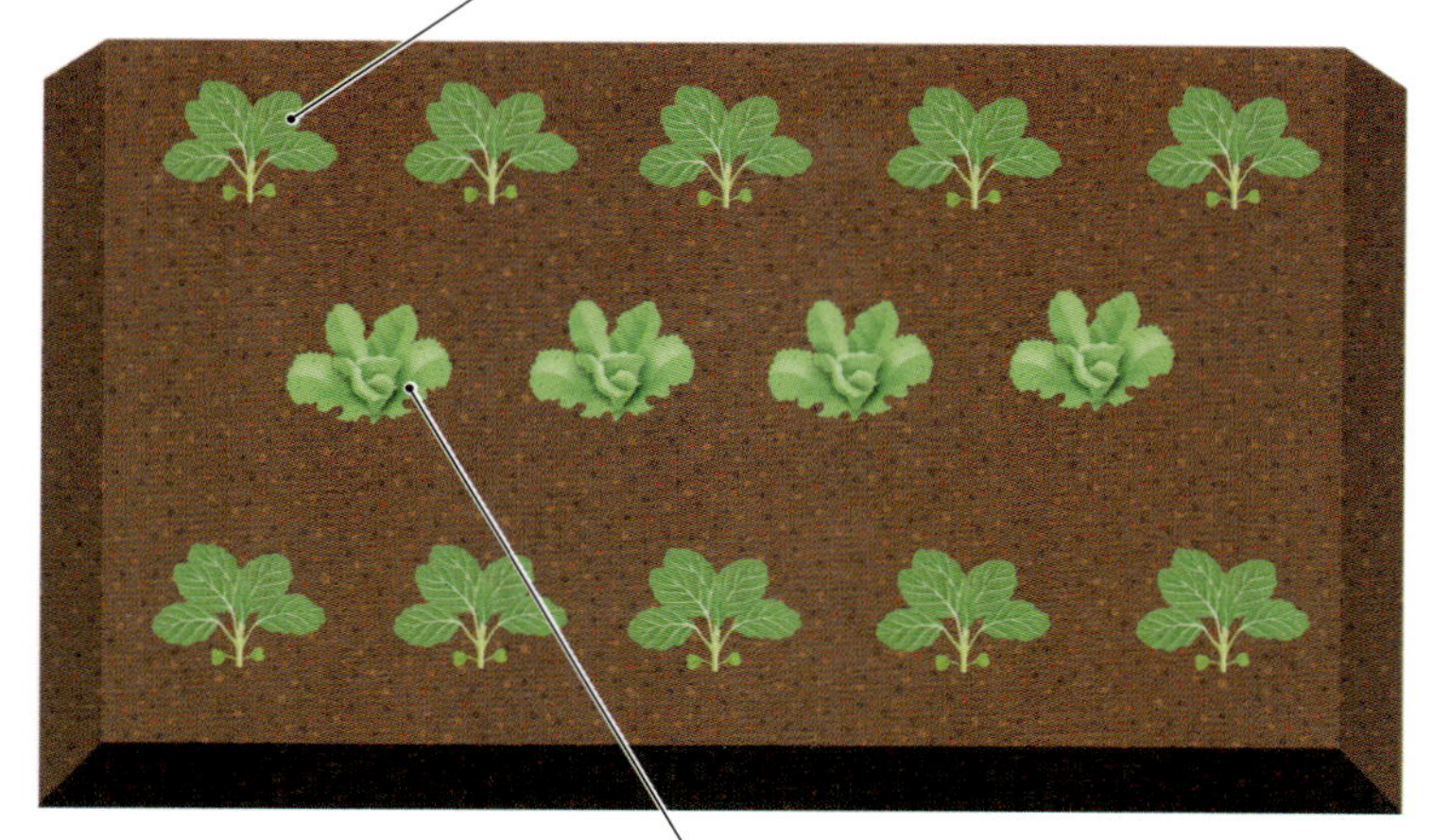

キャベツ・ブロッコリーの苗は普通栽培と同じように用意し、レタス・サンチュの苗は植えつけ30日前に種をまいて育成する

こうなる！

レタスなどキク科野菜の忌避効果により、キャベツやブロッコリーへの害虫被害を抑えられる

裏ワザ③

収量が増え、長期間収穫できる

ぎゅうぎゅう植え

キャベツやブロッコリーは共栄を好む野菜なので、密植すると育ちがよくなります。通常の株間の間に、さらに1株植えつけて栽培すると、株同士の葉が重なり合うように生育します。しかし共栄を好むため、それぞれが抑制し合うことはありません。ぎゅうぎゅうに超密植することで、育ちがよくなり、収量が増えるのです。

ただし、普通栽培の約2倍の数の株を密植するので、肥料は2〜3割多めに施用します。また、しっかりと土寄せすることも必要です。

じつは、キャベツもブロッコリーも多年草なので、上手に育てれば、同じ株から、翌春も収穫することができます。そのため、1回目の収穫が終了しても抜き取らず、脇芽を伸長させれば、再び収穫できます。ブロッコリーではおなじみですが、じつはキャベツでも脇芽を育てて収穫することが可能です。

キャベツは収穫のさい、下葉を5枚程度残します。そして、収穫後すぐに、1株おきに半数を抜き取ります。残した株には油粕などを追肥して、土を寄せます。

やがて、脇芽が伸長すると、春先には小ぶりながら1株に2個程度のキャベツができます。

超密植では、ブロッコリーでも1株おきに抜き取り、残した株には油粕を追肥して土寄せをします。

※植えつけ時期／畝高・畝幅は、91ページに準じる。

どう植える？

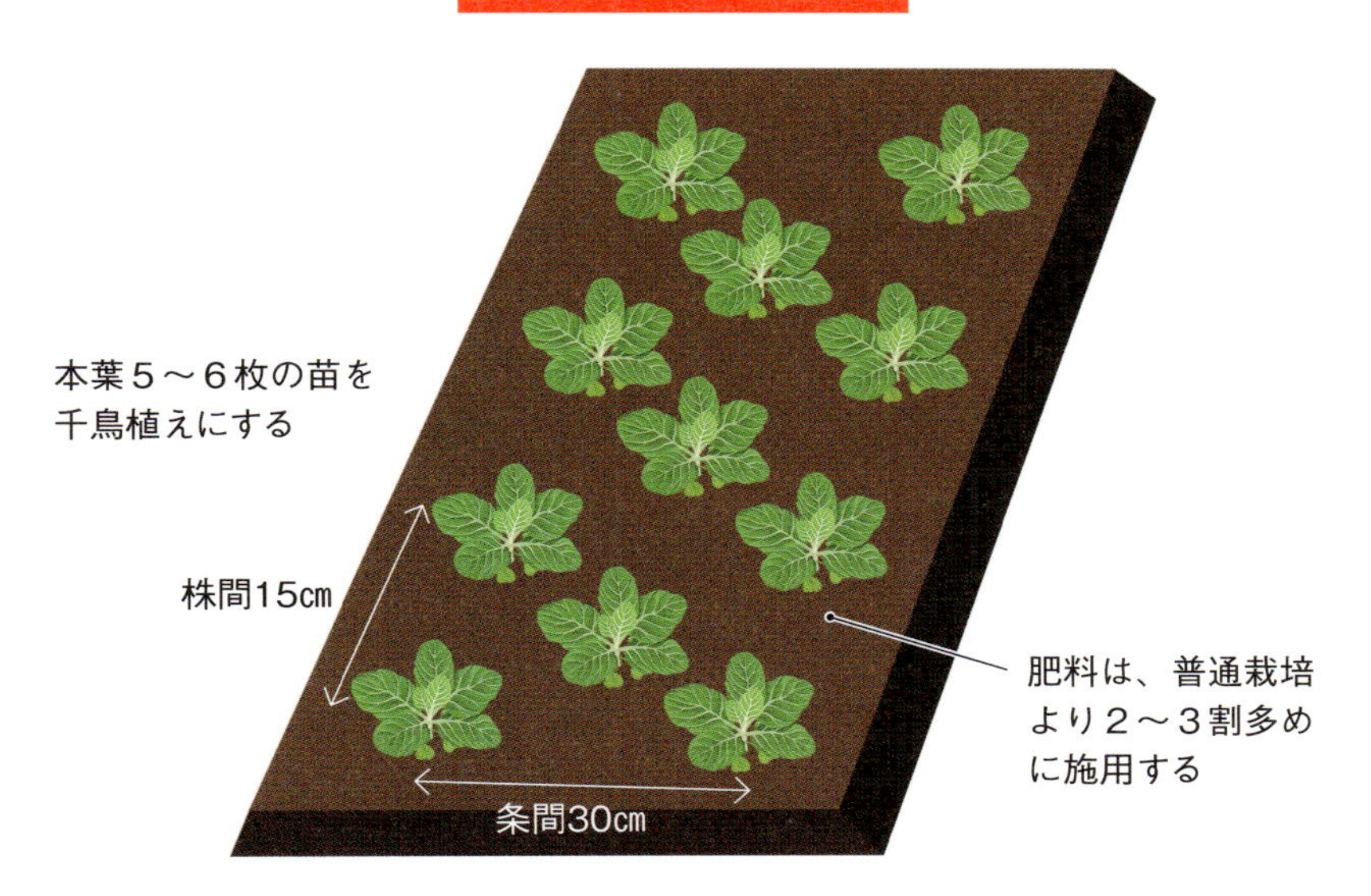
本葉５～６枚の苗を
千鳥植えにする
株間15㎝
条間30㎝
肥料は、普通栽培
より２～３割多め
に施用する

こうなる！

秋～冬
翌春
株同士の葉が
重なり合うよ
うに生育する
収穫のさいは、下葉
を５枚程度残す
小さなキャ
ベツが２個
程度収穫で
きる
１株おきに抜き取る
追肥をして土寄せ
をする

タマネギ

●分類　ヒガンバナ科
●原産地　中央アジア、地中海沿岸

秋のうちに苗を大きく育てすぎない

タマネギは12～23℃の冷涼な気候を好みます。高温を嫌い、30℃を超えると生育が完全に停止します。日本では、秋に植え冬を越して初夏に収穫する作型と、冷涼な北海道で行われる春に植え初秋に収穫する作型がありますが、ここでは秋植え初夏どりの作型を紹介します。

タマネギ栽培では、まず種をまき育苗をするための播種床をつくります。種は、苗の植えつけの60日前に1～1・5cm間隔でまきます。そして、ふるいで薄く土をかけ、乾燥しないよう藁などで覆い、草丈が15cm、茎の直径が6mm以下の苗に仕上げます。苗が大きくなりすぎると、冬の寒さには強くなりますが、春になってからとう立ちしてしまい、鱗茎部のタマネギが肥大しません。

小さな苗で越冬させると凍霜害に遭いやすいので、畝には黒いポリマルチを張ります。苗の植えつけは、曇天の夕方に行い、株間は10～12cm間隔とします。そして、12月中旬と2月上旬に、油粕などの有機質肥料を追肥します。乾燥が激しいときは、暖かい日に灌水します。

収穫は、地上部が8割程度倒伏したら行います。鱗茎の肥大をよくし、保存性を高めるため、株のまわりにスコップや鍬を入れて根切りをし、その1週間後に引き抜きます。数日間畑において乾燥させ、保存する場合は、10株程度の束にして風通しのよい日陰に吊るします。

基本の植えつけ

種をまく２週間以上前に石灰と有機質肥料を施用して耕し、表面を平らにならす。種をまいた後は、薄く土をかけ、乾燥しないよう藁などで覆う
播種床
草丈15㎝、太さ６㎜程度の苗を植えつける
株間
10～12㎝
条間30㎝
畝幅90㎝
畝高10㎝
穴あきの黒いポリマルチを張る。マルチの大きさに合わせて畝を立ててもよい
根を深く伸ばすため、砂質で乾燥気味の土壌が向く

植えつけ時期

一般地　11月中旬～11月下旬
寒冷地　11月上旬～11月中旬
温暖地　11月下旬～12月上旬

畑の準備

苗を植えつける２週間以上前に、堆肥と、油粕や米ぬかなどの有機質肥料を施用しよく耕す。畝を立て、穴のあいた黒いポリマルチを張る。

裏ワザ１

小苗の密植

凍霜害を受けにくくなり、丈夫に育つ

※植えつけ時期／畑の準備／条間・畝高・畝幅は、99ページに準じる。

タマネギは集団で生育するのを好み、株が触れ合うように密植すると、助け合って根を深い位置まで伸ばします。この性質を利用すれば、冬越しの難しい小苗を使った栽培ができます。

タマネギは、茎の太さが６㎜以上に育ってから冬越しすると、低温にさらされることにより、花芽が分化してしまいます。すると、春先に花が咲いてしまい、鱗茎に蓄えられた養分が花に移行し、鱗茎がかたくなります。

このため、越冬させる苗は小さいほうがよいのですが、小苗だと霜柱などの影響を受けやすく、冬越しが難しくなります。また、冬の間に蓄えられる栄養分も少なくなり、春先の肥大が悪くなります。

しかし、小苗を密植すれば、根が深いため凍霜害を受けにくくなります。また、冬の間に栄養分を十分ためこむこともでき、春先の鱗茎の肥大もよくなります。

小苗の密植では、茎の直径４㎜程度の苗を、株間６〜７㎝で植えます。株間が狭く１本ずつ植えるのは難しいため、深さ３〜５㎝の植え溝を掘り、並べるようにして植えつけます。

密植するため、同じ面積での普通栽培の２倍程度の苗が必要です。ただし、収穫できるタマネギは、普通栽培より小さめのＭ玉が中心となるため、収穫量（重量）は約１・５倍となります。

どう植える？

種は10月上旬にまき、苗は普通栽培と同じように育て、茎の太さ４㎜程度の小苗のうちに植えつける

深さ３〜５㎝の植え溝を掘り、苗を並べて植えつける。マルチは張らない

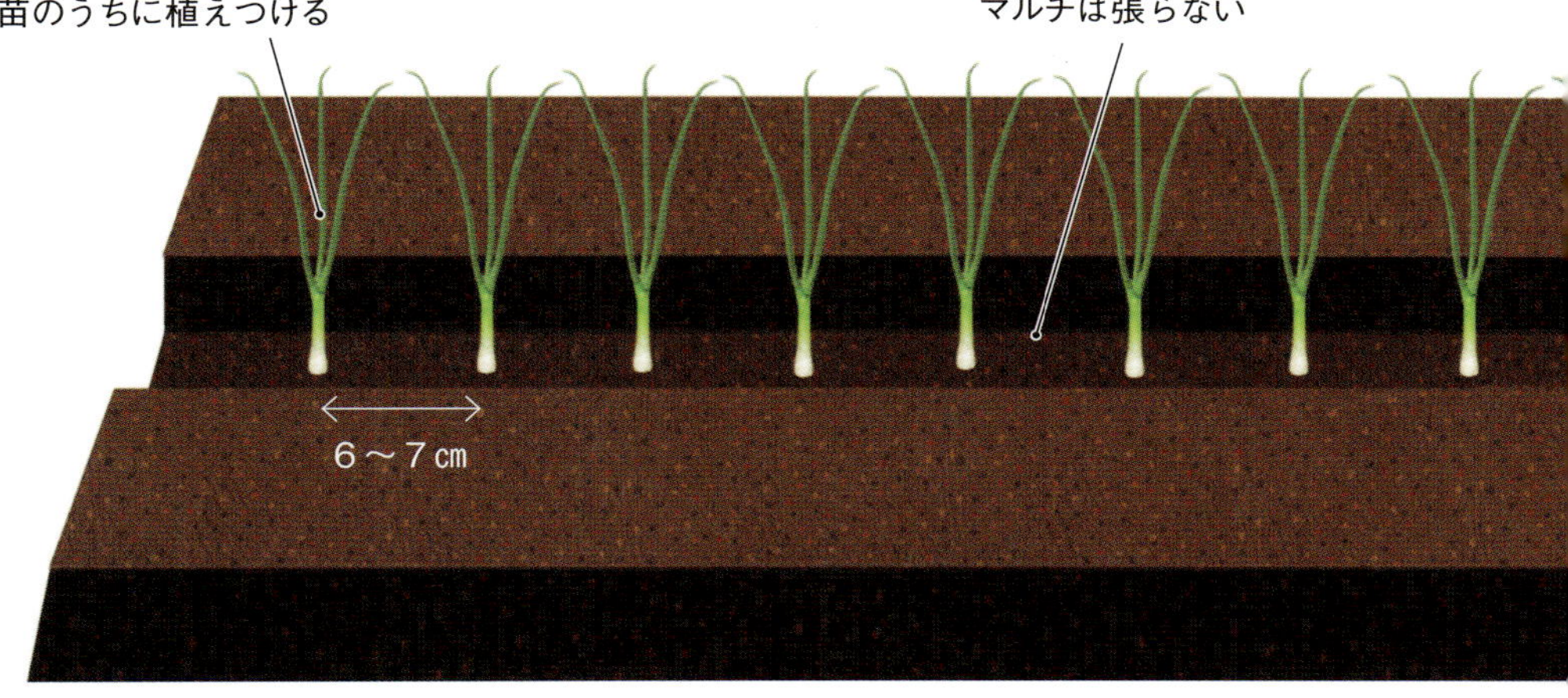

こうなる！

小苗の密植

苗が互いに助け合って、根を深い位置まで伸ばす

鱗茎がぶつかり合うように生長する

普通栽培

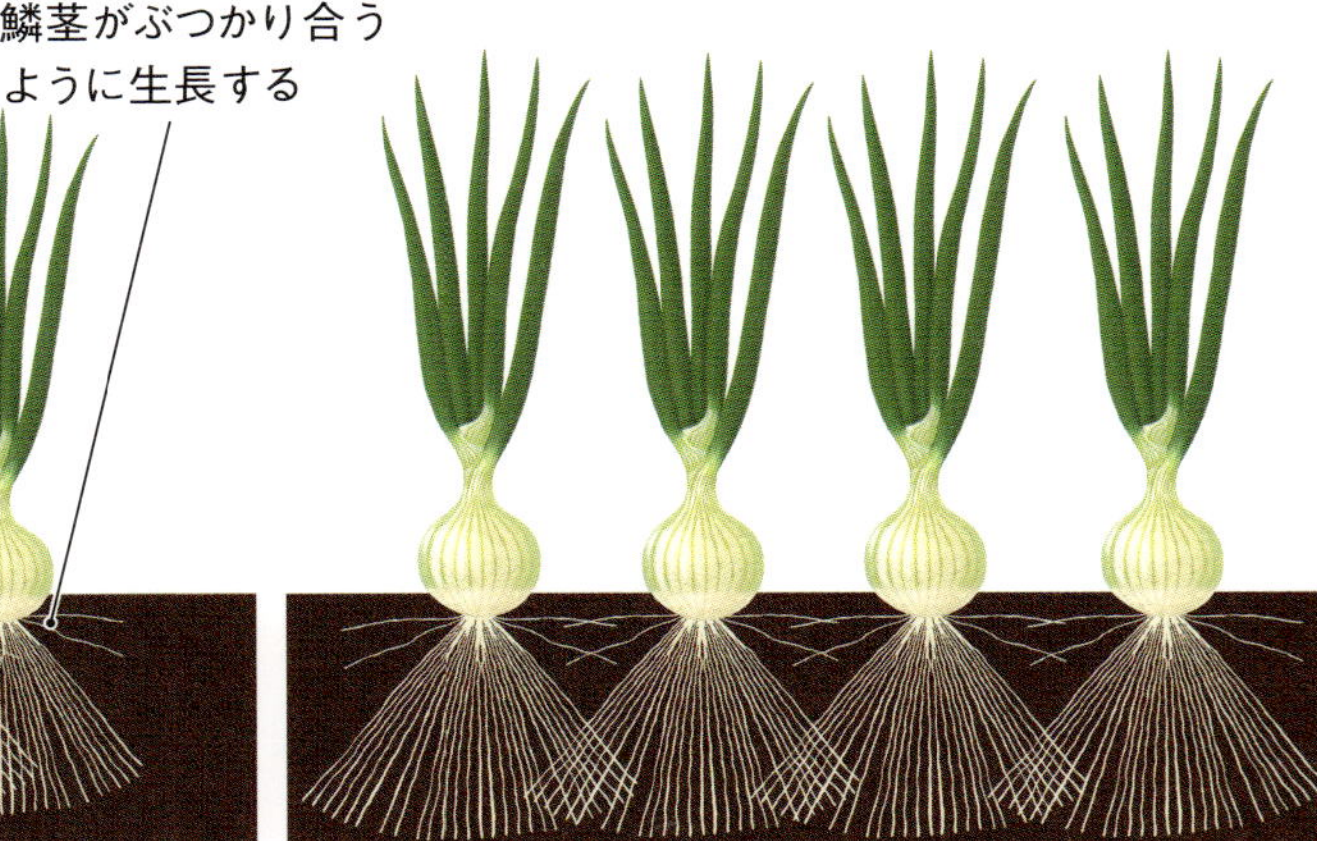

収穫できるのは小ぶりのM玉。ただし、株の数が多いので面積当たりの収穫重量は普通栽培の1.5倍

裏ワザ②

一穴2本植え

定植の手間がかからず、育ちもよくなる

タマネギの花芽を分化させない小苗の密植（100ページ）では、株間を狭くします。しかし、この方法は植えつけに手間がかかります。

そこで、1穴に2株ずつ苗を植えると、植えつけの手間は密植ほどかかりませんが、密植と同じように助け合って根を伸ばせる環境をつくることができます。なお、この植えつけ方法でも、小苗の密植と同様に、茎の直径が4㎜程度の小苗を用います。

苗づくりは普通栽培と同じように行いますが、小苗となるよう種まきは2週間程度遅らせ、10月上旬とします。なお、普通栽培の場合も、すべての苗が大きく育つわけではなく、小さい苗になることがあります。また、種をまく時期が遅れてしまい、苗が大きく育たない場合もあります。このようなときも、1穴2本植えは有効な栽培方法です。

植えつけは11月頃行います。穴どうしの間隔は10～12㎝としますが、1穴に小苗を2本を揃え、根が重なるように植えつけます。

1穴に植えられた2本のタマネギは、冬の間に根に十分な栄養分を貯め、春先に鱗茎を肥大させます。鱗茎の形が歪(いびつ)になると思われるかもしれませんが、タマネギには鱗茎を引っ張るけん引根があります。けん引根が鱗茎を外側に引っ張るので、歪にはならず2本とも丸く肥大します。

※植えつけ時期／畑の準備／条間・畝高・畝幅は、99ページに準じる。

どう植える？

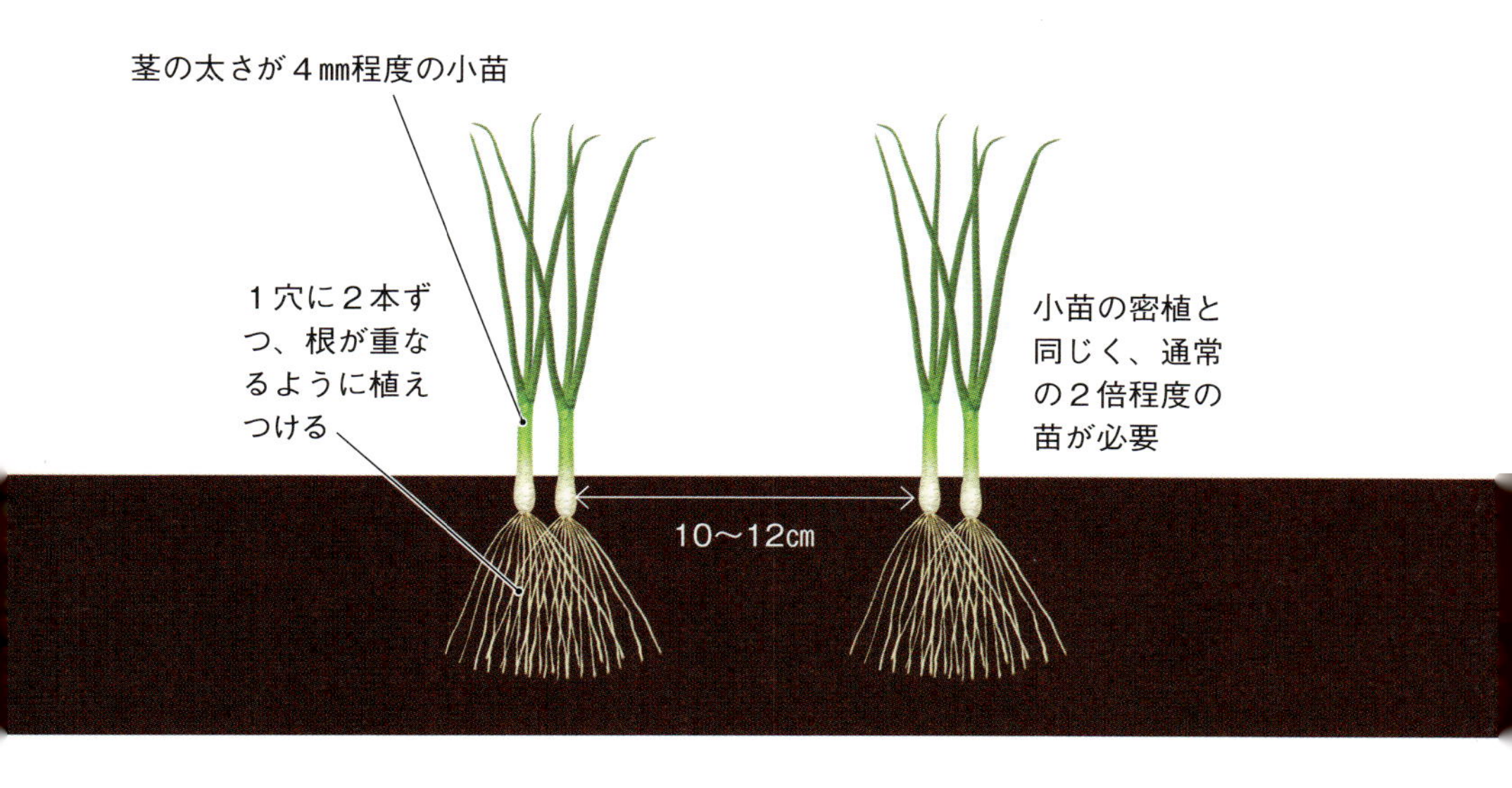
茎の太さが４㎜程度の小苗
１穴に２本ずつ、根が重なるように植えつける
小苗の密植と同じく、通常の２倍程度の苗が必要
10〜12㎝

こうなる！

２つの鱗茎が丸く肥大する
収穫できる鱗茎はM玉が中心
けん引根が横に引っ張る
根は深い位置まで伸びている

裏ワザ③

害虫を防除し養分も供給する

クレムソンクローバーとの混植

※植えつけ時期／畑の準備／株間・畝高・畝幅は、99ページに準じる。

冬の間は温度が低く、タマネギには病害虫がほとんど発生しません。ところが気温が上昇して鱗茎の肥大が始まる頃になると、スリプスが寄生し、葉がカスリ状の食害を受けることがあります。被害が大きくなると、鱗茎の肥大も悪くなってしまいます。スリプスは体長１㎜ほどで、手で取り除くのは困難です。そこで、タマネギの条間にマメ科の牧草であるクレムソンクローバーを植え、スリプスを捕食するハナカメムシなどの昆虫を呼び寄せ、天敵を利用した防除を行います。

普通栽培と同じようにタマネギの苗を育て、マルチを張らずに植えつけたら、条間にクレムソンクローバーの種をまきます。クレムソンクローバーは、冬の牧草なので、寒さに強い植物です。地表に繁茂するので、タマネギを乾燥と凍害から守ります。また、マメ科植物なので大気中の窒素を地中に固定し、養分としてタマネギに供給します。

春先になると、クレムソンクローバーは穂を伸長させ、赤い花を咲かせます。花がロウソクの炎のようで、イチゴの果実に似ていることから「ストロベリーキャンドル」とも呼ばれています。

マメ科の花は蜜と花粉が多いため、クレムソンクローバーには多くの種類の昆虫が集まります。それらの昆虫のなかには、スリプスを捕食するものも含まれ、スリプスは天敵の餌となります。

どう植える？

こうなる！

クレムソンクローバーにやってきた昆虫によって、タマネギの葉を食害するスリプスが捕食される

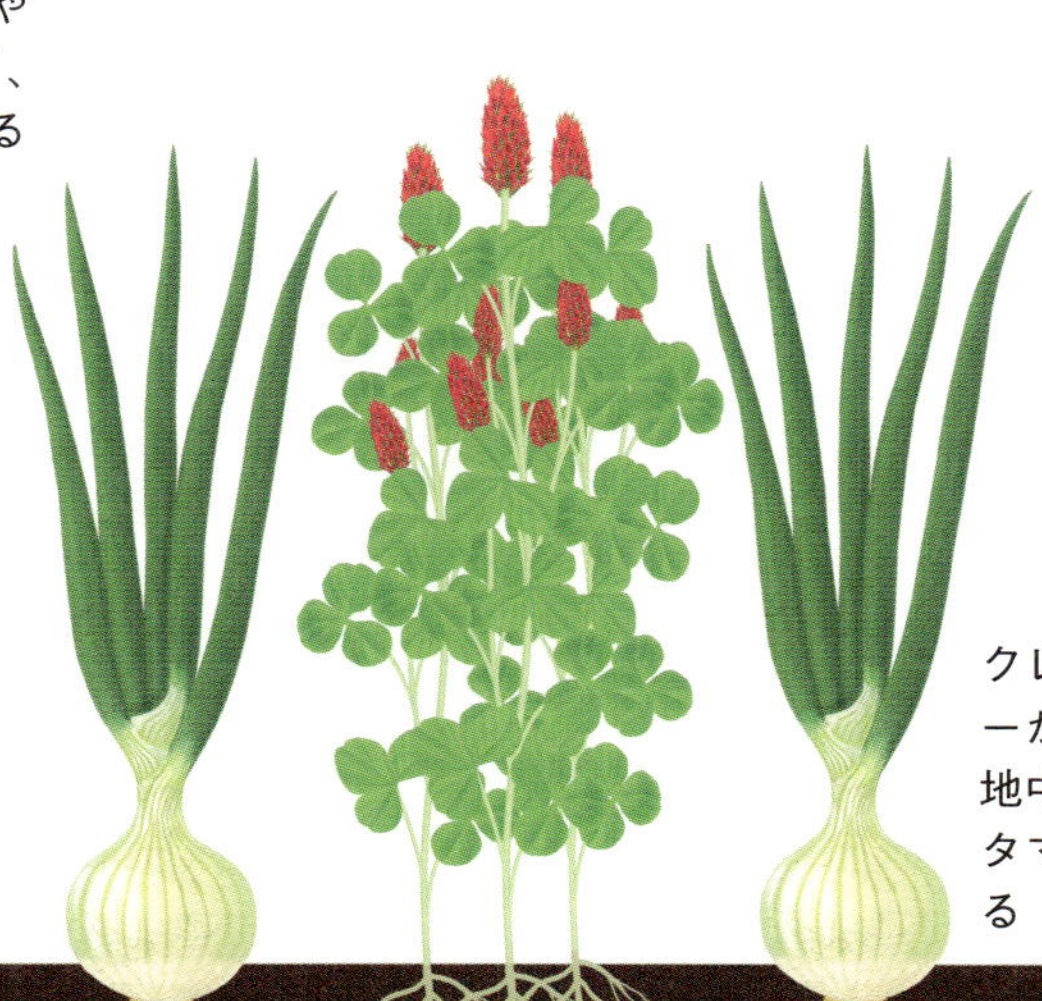

クレムソンクローバーが大気中の窒素を地中に固定。窒素はタマネギの養分となる

裏ワザ④

凍霜害を防ぎ、生育もよくなる

春植え

※畑の準備／株間・条間・畝高・畝幅は、99ページに準じる。

晩秋に小苗を畑に植えつけ、寒さに向かって生育させる作型では、苗が凍霜害を受けやすくなります。対策としては、根が深くまで伸長しやすい小苗の密植（100ページ）などがありますが、植えつけを遅らせ、春に植えるのも有効な方法です。なお、北海道で行われるような春に種をまき初秋に収穫する作型の場合、関東以西では、夏の暑さのためほとんど育ちません。

春植えの場合も、畑には秋のうちに、堆肥と有機質肥料を施用してよく耕しておきます。苗の植えつけまでの時間が長く、雑草が生えてくるため、冬のうちに2～3回軽く耕して、小さな草は地中に鋤きこみ、繁茂を抑えます。あるいは、植えつけ2週間前に耕して草を取り除きます。植えつけ前に透明マルチを張ると、地温が上昇し、苗の活着とその後の生育がよくなります。

苗は、普通栽培と同じように前年の秋から播種床で育て、2月上旬の暖かい日に植えつけます。この頃になると、気温は低いものの、日が長くなってくるため、根が活動を始めます。

苗は、播種床で凍害から守られ、根が深くまで伸びしっかりとした株になっています。植えつけ後は旺盛に生育し、3月下旬には、秋に植えた苗と遜色ない程度まで育ちます。普通栽培と同じように6月に収穫できますが、やや小ぶりのM玉が中心で、収穫量はやや少なくなります。

どう植える？

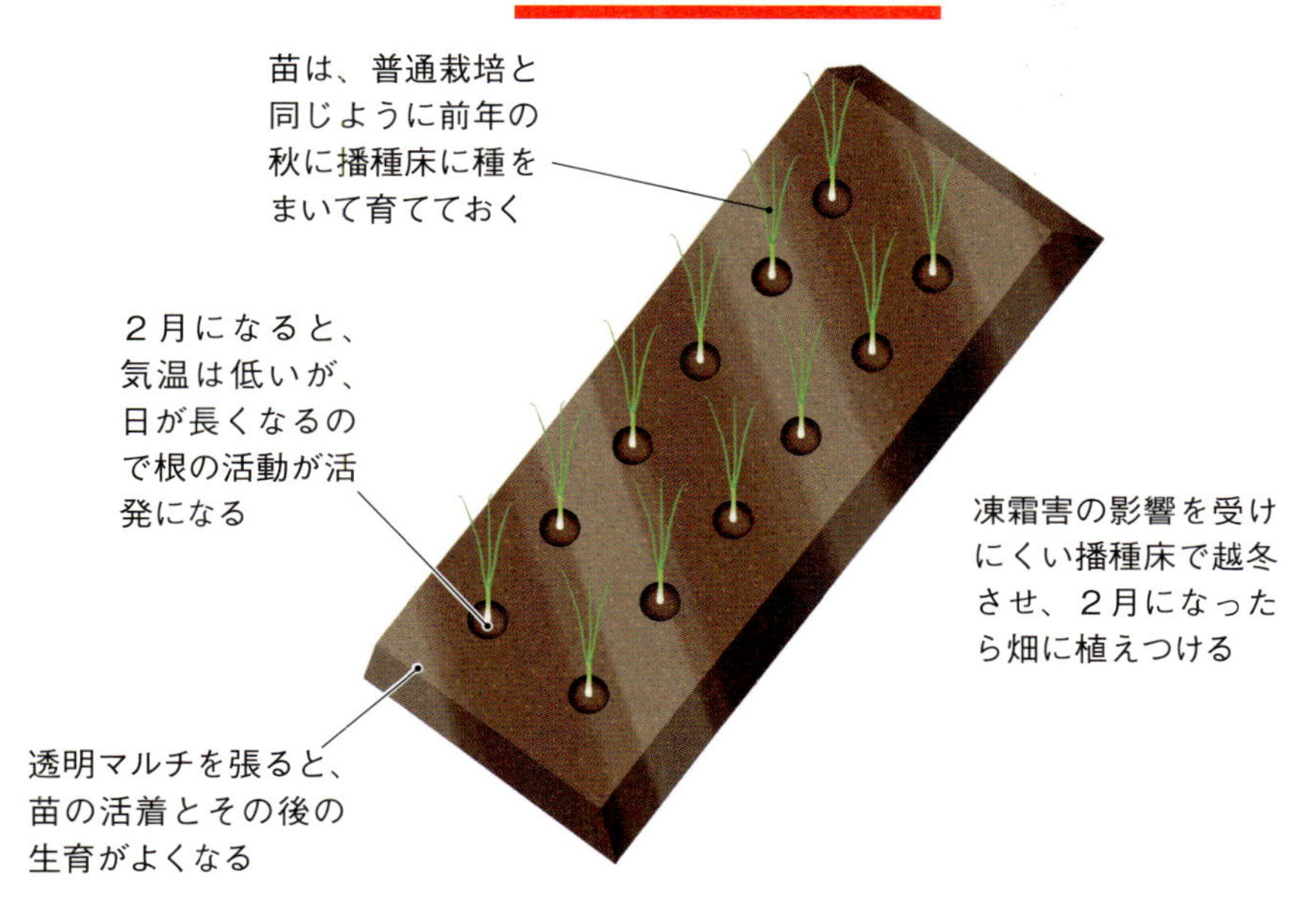

苗は、普通栽培と
同じように前年の
秋に播種床に種を
まいて育てておく
２月になると、
気温は低いが、
日が長くなるの
で根の活動が活
発になる
透明マルチを張ると、
苗の活着とその後の
生育がよくなる

凍霜害の影響を受け
にくい播種床で越冬
させ、２月になった
ら畑に植えつける

こうなる！

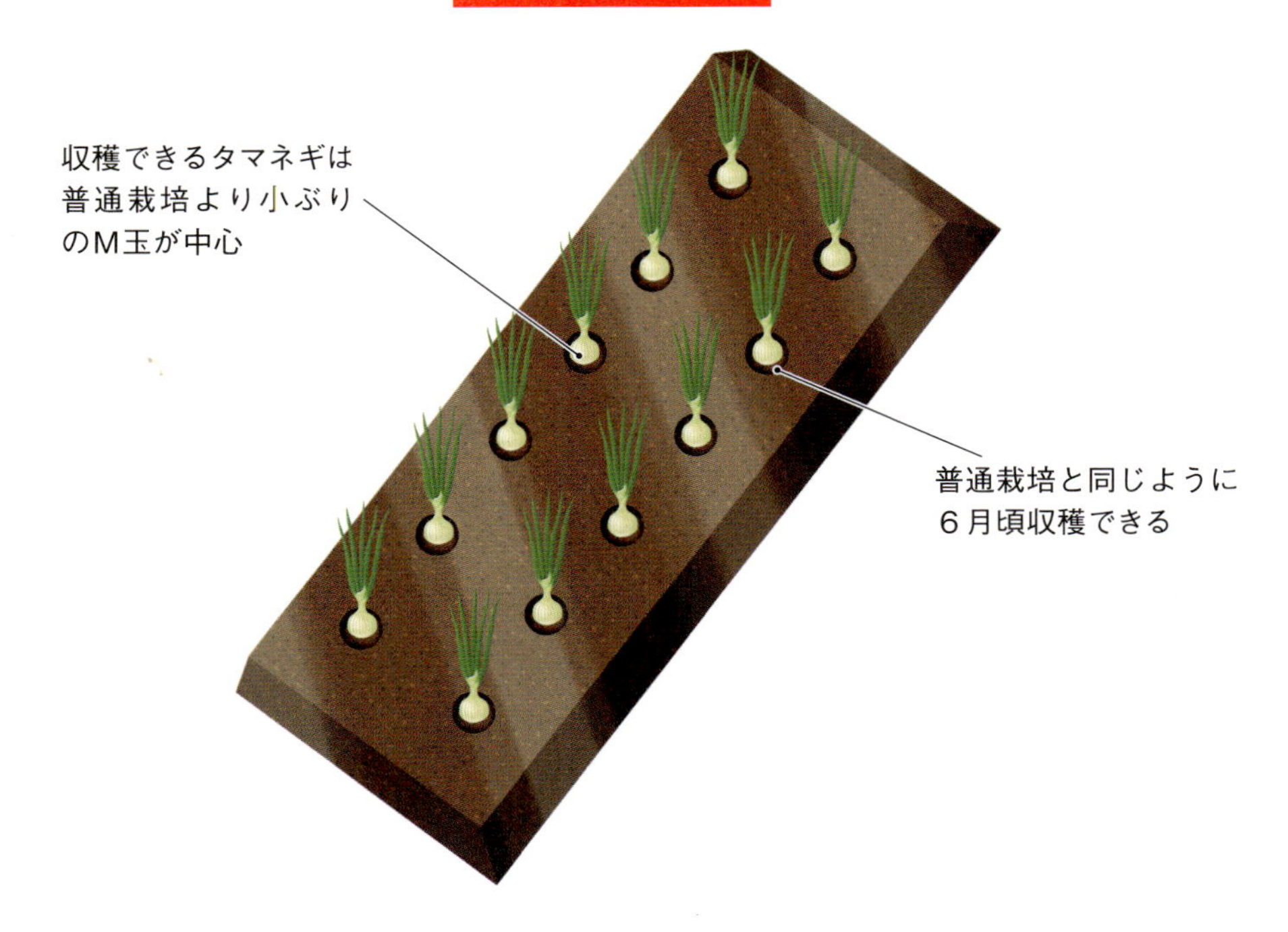

裏ワザ⑤

超遅植え

冬に新タマネギを味わえる

タマネギは12～23℃が生育適温で、30℃以上になると休眠して生育が停止します。このため、北海道では春に種をまいて初秋に収穫できますが、関東以西では、鱗茎が肥大する前に気温が上昇し、生育が止まってしまいます。逆に、夏に休眠する性質を利用すれば、12月下旬～1月中下旬に新タマネギを収穫できます。

播種床は普通栽培と同じように準備し、種は、3月上～中旬にまきます。普通栽培よりやや広い1・5～2cm間隔でまき、トンネルなどで簡易保温します。発芽後、気温の上昇に伴って盛んに生育するので、トンネルは取り除きます。その後も移植はせず、播種床で育てます。

6月中旬に気温が23℃以上になると急激に生育が悪くなり、30℃以上になると完全に停止します。地上部の茎葉は枯れて休眠に入るため、鱗茎を掘り上げて10株ずつ束ね、夏の間は風通しのよい日陰に吊るして保存します。

畑は、8月中～下旬に完熟した堆肥と有機質肥料を施用してよく耕し、畝を立てます。保存しておいた鱗茎は、9月中～下旬、気温が低下しタマネギの生育温度になったら、深さ2cm、株間10～12cmで植えつけます。冬の栽培と異なり、マルチは張りません。10～11月に旺盛に生育し、11月下旬から鱗茎の肥大が始まり、12月下旬～1月中下旬に収穫できます。

※畑の準備／株間・条間・畝高・畝幅は、99ページに準じる。

どう植える？

地上部が枯れたら掘り上げて10株程度ずつ束ね、夏の間は風通しのよい日陰で保存

保存しておいた鱗茎を、株間10〜12㎝、深さ２㎝で植えつけていく

こうなる！

11月下旬に鱗茎の肥大が始まり、12月下旬〜１月中下旬に、新タマネギとして収穫できる

長ネギ

●分類　ヒガンバナ科
●原産地　中国

3〜4回に分けて土寄せする

ネギ類は、12〜23℃の冷涼な気候を好みます。日本のネギには、中国南部から渡来した暑さに強い系統の葉ネギと、中国北部から渡来した寒さに強い系統の長ネギがあり、葉ネギは主に関西以西、長ネギは主に関東以北で栽培されます。

長ネギ栽培は、播種床での苗づくりから始まります。育苗期間は9月〜翌4月と長いので、播種床には種をまく3週間以上前に、カキ殻石灰、完熟堆肥、有機質肥料などを十分に施用します。種は9月中旬にまきます。1〜1・5cm間隔でまき、ふるいなどで土をかけ、藁や不織布などで覆います。発芽したら覆いを除き、本葉が1〜2枚展開したら、条間に油粕などの有機質肥料を追肥し、もみ殻を散布します。

畑への植えつけは、ソメイヨシノの開花期が適期です。深さ10〜15cmの植え溝を掘り、根と葉を半分切断し、根が触れ合う程度の株間で並べ、株元の部分に土をかけます。

茎葉が伸長したら、株元に藁を薄く敷き、土を寄せます。また、ネギ坊主が発生したら摘み取ります。茎葉がさらに伸長したら、有機質肥料を追肥し、その上に藁を薄く敷き、葉の分岐部にかからないよう土寄せします。このような土寄せを、茎葉の伸長に応じ3〜4回行いますが、最後の土寄せでは、藁は敷かず追肥も行いません。そして、10月頃から掘り上げて収穫します。

基本の植えつけ

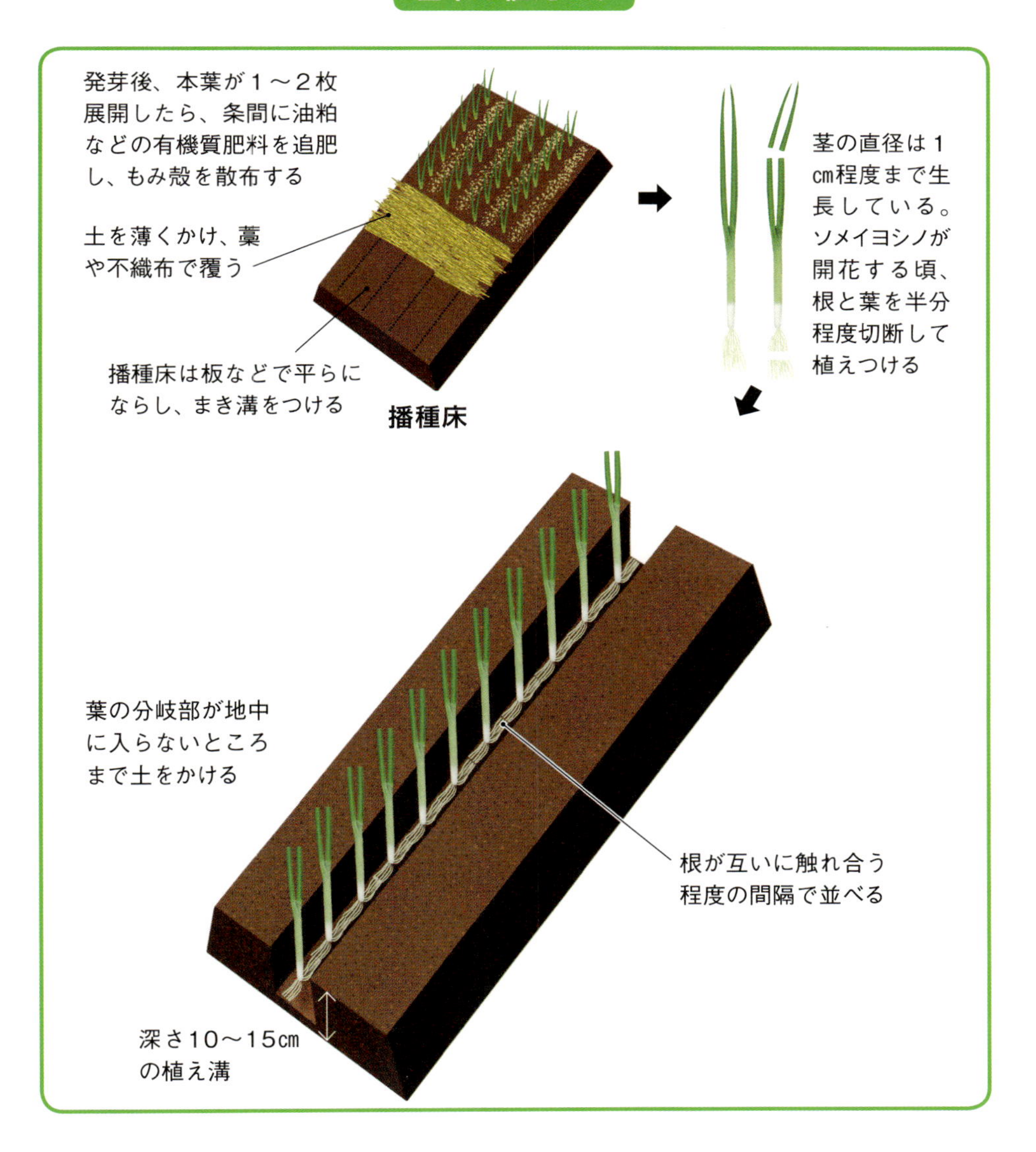

植えつけ時期

一般地　４月上旬～４月中旬
寒冷地　４月中旬～４月下旬
温暖地　３月下旬～４月上旬

畑の準備

植えつける畑には、３月中旬にカキ殻石灰、堆肥、油粕や米ぬかなどの有機質肥料を施用しよく耕す。光がよく当たるように南北畝とする。

裏ワザ 1

深植え

土寄せがラクラクで乾燥に強くなる

※植えつけ時期／畑の準備／株間は、１１１ページに準じる。

長ネギは、生長に合わせ土寄せをして、軟白部分を長くします。しかし、土寄せを繰り返すと畝が次第に高くなり、後半の土寄せには多大な労力がかかります。そこで、植えつけのさいに植え溝を深く掘ることで、土寄せの労力を軽減させます。ただし、長ネギは多湿が苦手なので、水はけの悪い畑ではなく、水はけのよい砂壌土で行います。

植え溝は、普通栽培の2倍程度である30㎝前後まで深く掘ります。苗は普通栽培と同じように準備し、根も半分程度まで切りますが、葉は切りません。そして、植えつけのさいは、株元の部分に土をかけます。また、畑の周囲には、雨水が流れ込まないように、深さ30㎝の溝を掘っておきます。

茎葉が伸長したら、葉の分岐部にかからないよう、溝を埋めるように土をかけます。そのさい、普通栽培と同様に藁を敷き、追肥も行い、これを生長に応じて3～4回程度繰り返します。

長ネギは乾燥と高温には弱く、夏に乾燥すると生育が悪くなります。深植えでは、根が地中の深い部分にあるため乾燥しにくく、夏の乾燥害を軽減できます。

深植えでは、軟白部分が地中の深い位置にあります。収穫時にスコップなどで傷つきやすいため、確認しながら丁寧に掘り上げます。

どう植える？

深植え

葉は切断しない

葉の分岐部は土から出るよう、土をかける

溝

30㎝

根は半分程度切断する

普通栽培

10〜15㎝

根も葉も半分程度切断する

こうなる！

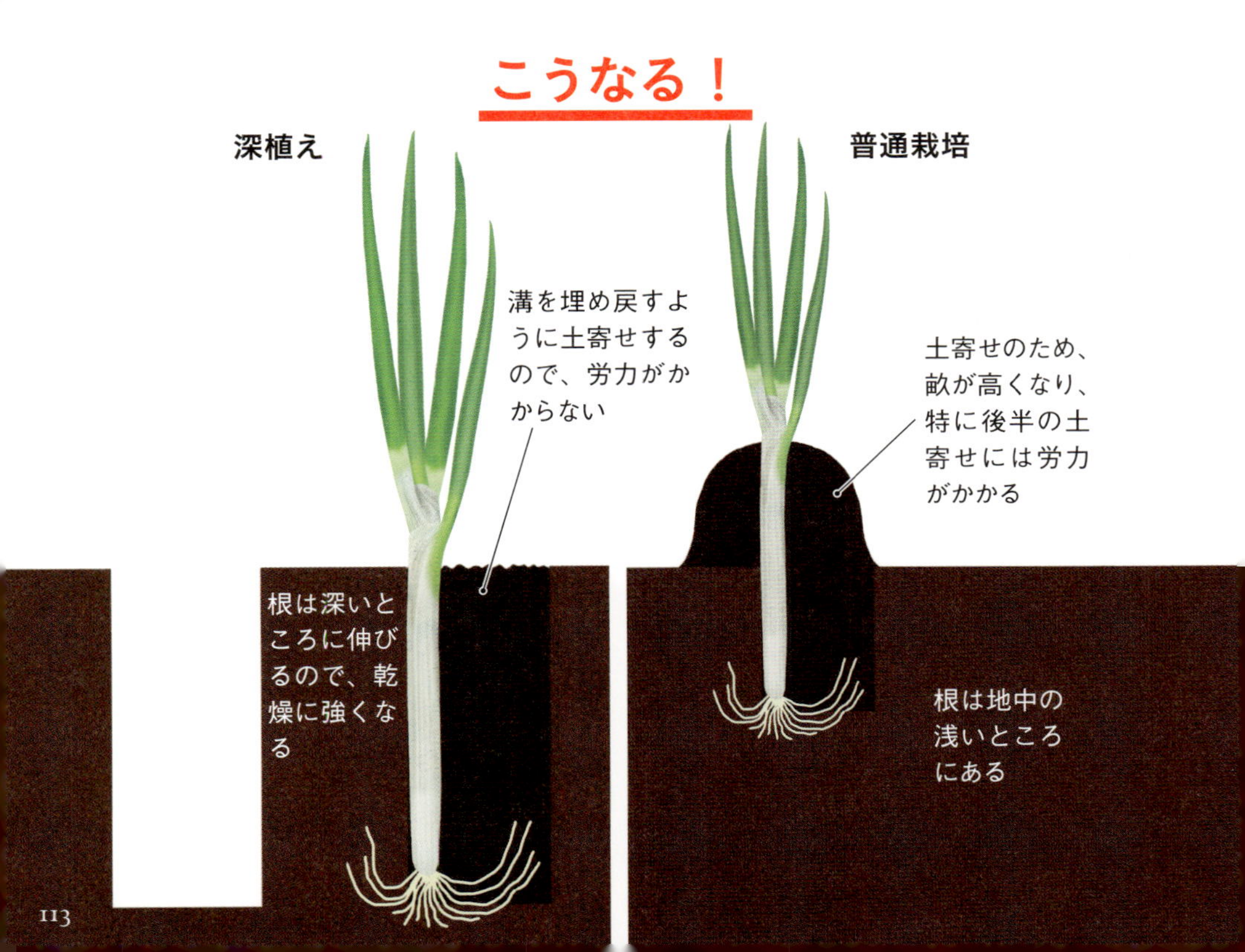

裏ワザ②

やわらかく高品質なネギを収穫できる

3〜5本斜め植え

長ネギは、集団で植えられることを好み、1本で育てるより、草勢が強くなります。また、互いの葉鞘（白い部分）が触れ合うように生育させると、やわらかくなり、高品質のネギが収穫できます。

苗は、普通栽培と同じように準備します。畑は、植えつけの3週間以上前に、完熟堆肥と有機質肥料を施して耕します。植え溝の深さは20㎝とし、苗が斜めになるよう、30度程度の傾斜をつけます。苗は株間15〜20㎝で、根と葉を半分程度切って、3〜5本を1か所にまとめて、溝に寝かせるように斜めに植えつけます。

土寄せは、普通栽培と同じように、茎葉の伸長と合わせ3〜4回に分け、葉の分岐部にかからないように行います。

長ネギは、1本ずつ離して植えられると、強く展葉するため、葉の老化が進み、葉につながった葉鞘はかたく筋っぽくなります。一方、集団で植えられた長ネギは競い合って生育するため、展葉が弱くなります。また、寝かせるように植えられているため、土の中で軟化します。収穫のさいは利用分だけを掘り上げ、隣の集団の軟白部分を傷つけないよう注意します。

11月中旬以降は一斉に掘り上げ、20㎝程度掘り下げた穴に寄せ植えすると、春先までやわらかいまま利用できます。

※植えつけ時期／畑の準備は、111ページに準じる。

どう植える？

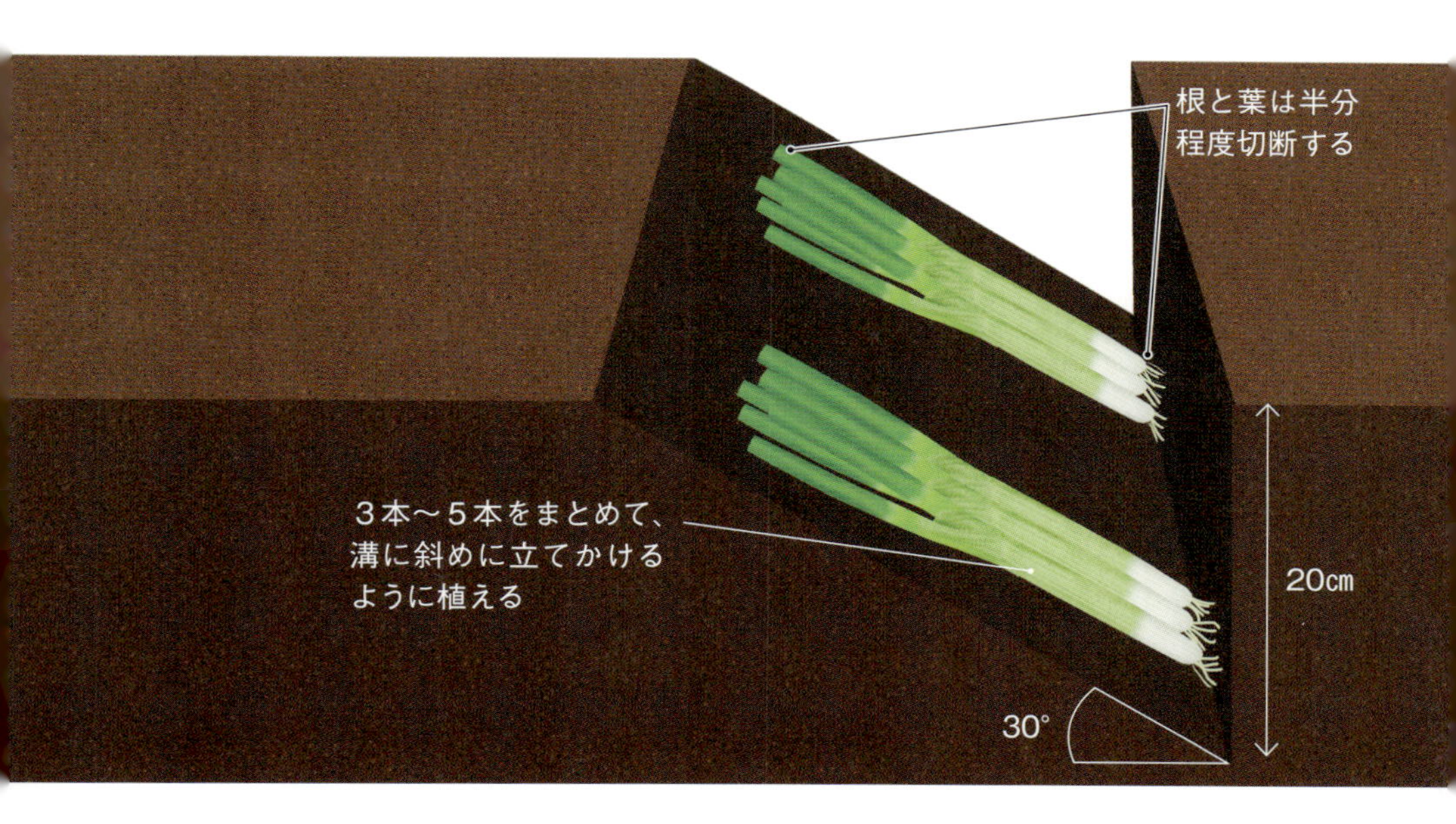
根と葉は半分
程度切断する
3本〜5本をまとめて、
溝に斜めに立てかける
ように植える
20㎝
30°

こうなる！

斜めに植えつけたネギを
寝かせるように、3〜4
回に分けて土寄せする
互いに競い合って生育
するため、展葉が弱く
なり、軟白部分がより
やわらかくなる

ホウレンソウ

●分類　ヒユ科
●原産地　コーカサス地方

年間を通じて栽培できる

ホウレンソウは8～18℃の冷涼な気候を好みます。耐寒性と耐暑性があり、年間を通じ栽培できますが、夏に育てると、硝酸やシュウ酸濃度が高くなり、品質が悪くなります。旬は冬で、秋に種をまくと、糖度も栄養価も高くなります。

ホウレンソウは、酸性土壌を嫌い、多肥を好みます。また、直根を深く伸ばします。そこで、畑には種をまく3週間以上前に、カキ殻などの有機石灰、完熟堆肥、有機質肥料などを施用し、深く耕しておきます。種まき当日は、土の表面を板などで平らにならし、深さ1cm×幅2cm×条間12cmのまき溝をつくります。種は0・5～1cm間隔でまき、ふるいなどで土をかけます。

ホウレンソウの生育は、発芽の良し悪しで決まります。発芽は、土と種を密着させるとよくなります。土を手で握ると固まり、押すと崩れるような適度な水分があれば、手で板を押しつけて、軽く鎮圧します。乾燥して、握っても土が固まらなければ、足で踏んで強く鎮圧します。乾燥が激しい場合は、十分に灌水し、1～2日間放置して、適度な水分状態にしてから種をまきます。

発芽して本葉が1枚の頃、株間3～4cmになるよう間引きます。草丈が5～6cmになったら6～10cm間隔で間引き、条間に油粕などを追肥します。草丈が25～30cmに生長したら収穫します。胚軸の赤い部分が大きいと甘くなります。

基本の種まき

種をまいた後は、ふるいなどで土をかける
種と土が密着すると、発芽がよくなり、その後の生育もよくなる
土に適度な水分があれば、板などで押さえて軽く鎮圧する。乾燥していれば、足で踏む。乾燥が激しい場合は、種まきの１～２日前に灌水しておく
種の間隔
0.5～１㎝
条間12㎝
溝の深さ
１㎝
溝の幅２㎝
畝幅90㎝
畝高
10㎝

種まき時期

一般地　８月下旬～９月上旬
寒冷地　８月中旬～８月下旬
温暖地　９月中旬～９月下旬

畑の準備

種まきの３週間以上前に、カキ殻などの有機石灰、完熟堆肥、油粕や米ぬかなどの有機質肥料を施用し、20㎝程度まで深く耕す。

裏ワザ①

遅まき

寒締めで糖度と栄養価が高くなる

※畑の準備／株間・条間・畝高・畝幅は、117ページに準じる。

ホウレンソウは、生育適温が広いため、年間を通じて栽培できます。しかし、夏のホウレンソウは葉肉が薄く、おいしくありません。一方、寒さに向かって生育するホウレンソウは、耐寒性を高めるため、葉や胚軸に糖分を集積させます。そのため、秋から冬にかけて収穫できるホウレンソウは、葉肉が厚く高品質です。とくに、越冬して寒締めされたホウレンソウは、糖度が高まります。ホウレンソウは耐寒性が強く、マイナス10℃以下の低温にも耐えられるほど。そこで、種をまく時期を遅らせれば、質のよい寒締めホウレンソウを育てることができます。

遅まきでは、秋のホウレンソウの収穫が始まる9月下旬～10月中旬に種をまきます。冬の到来前に草丈が5～6cm以上に生育していないと、凍霜害で枯死するか、生育が完全に停止してしまうため、遅れないように注意します。

また、冬が到来する時期は、毎年少しずつ異なります。そのため、遅まきをしたホウレンソウは、年によって越冬できないこともあります。確実に収穫したい場合、全量を遅まきするのではなく、一部は普通栽培としたほうがよいでしょう。

温度の低下に伴って苗の生育は緩慢となるため、穴のあいたビニールトンネルをかけて、防寒対策を講じます。こうすると、冬の間も生長するとともに、凍害による枯葉も少なくなります。

どうまく？

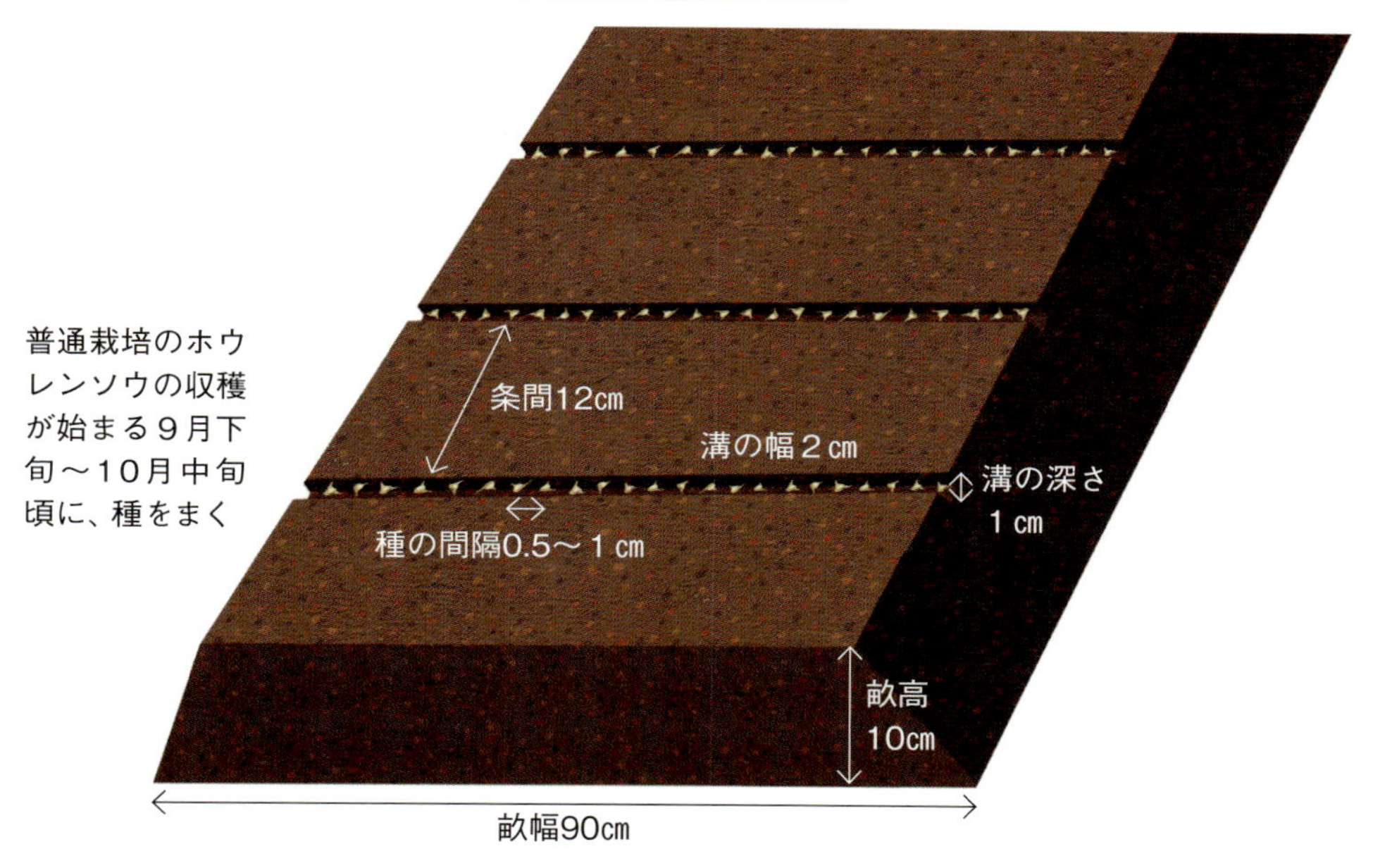

こうなる！

遅まき

葉が放射状（ロゼット形）に広がる
寒さにあたると、凍りにくくするため、糖度が高くなる
硝酸態窒素が緩やかに吸収されることで、苦みが少なくなる

普通栽培

葉は薄めで、立性に育つ

●分類　セリ科
●原産地　アフガニスタン

種と土を密着させる

ニンジンは、12～28℃の比較的冷涼な気候を好みます。土壌条件を選ばないので、家庭菜園の定番野菜の一つですが、発芽が悪いという難点もあります。発芽をよくするためにコーティングされた種も販売されていますが、ここでは裸種子（未コーティング種子）の種まきを紹介します。

ニンジンは肥料分をあまり必要とせず、春に野菜を育てた畑では、残肥だけでも育ちます。初めて野菜をつくる畑や痩せた畑では、有機質肥料を施します。根が未熟な有機物に触れると又根になるため、完熟堆肥などを利用します。

セリ科には、互いに競り合う性質があり、集団だと旺盛に育ちます。そこで、種は０・５～１cm間隔でまきます。発芽は土の水分量に左右されます。土を手で握って崩れる程度がベストで、この場合は軽く覆土し、足で踏んで鎮圧します。粘土質など乾きにくい土壌では、土が固まると発芽が抑制されるので、鎮圧しません。

発芽したら、２回に分けて間引きます。１回目は草丈４～５cmの頃、株間が５～６cmになるよう間引きます。２回目は根の太さが５mm前後の頃、株間10～15cmになるよう行います。

年内の収穫が一般的ですが、ニンジンは土に潜って肥大するため、凍霜害に強く、そのまま越冬できます。一度に収穫せず、周囲の土が割れ、肥大が確認できた株から引き抜きます。

基本の種まき

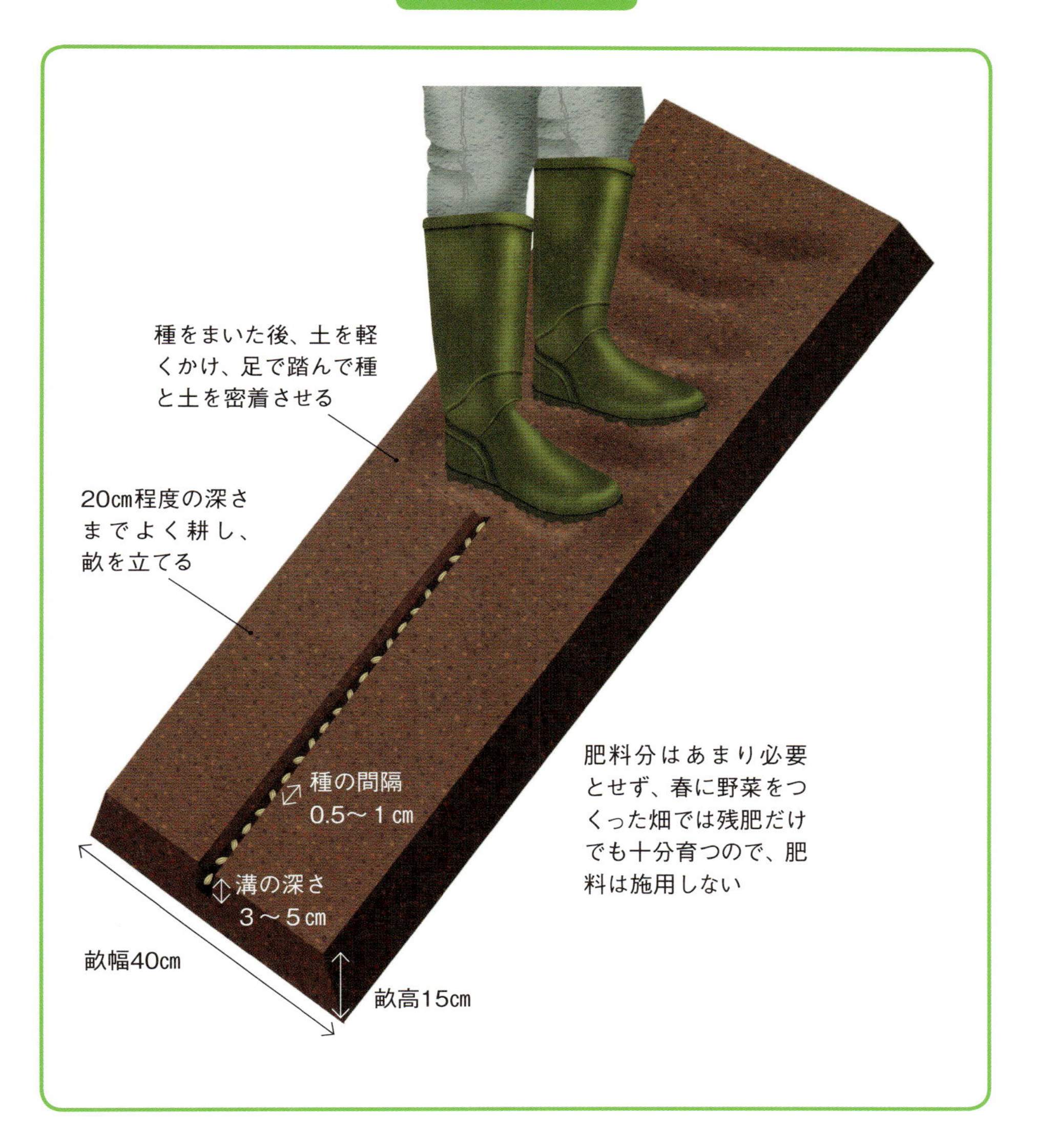
種をまいた後、土を軽くかけ、足で踏んで種と土を密着させる
20㎝程度の深さまでよく耕し、畝を立てる
種の間隔
0.5～1㎝
溝の深さ
3～5㎝
畝幅40㎝
畝高15㎝
肥料分はあまり必要とせず、春に野菜をつくった畑では残肥だけでも十分育つので、肥料は施用しない

種まき時期

一般地　7月下旬～8月上旬
寒冷地　8月中旬～8月下旬
温暖地　9月中旬～9月下旬

畑の準備

初めて野菜をつくる畑や、痩せた畑の場合、種まきの3週間以上前に有機質肥料を施す。ただし、未熟な有機物の施用は禁物。

裏ワザ１

遅まき

春に高品質のニンジンを収穫できる

※畑の準備／畝高・畝幅は、121ページに準じる。

ニンジンは生育温度の幅が広く、種をまける期間が比較的長い野菜です。また、凍霜害に強く、畑に植えたまま、冬を越すことができます。

寒さに耐えるには、秋のうちにある程度の大きさまで生長していなければなりませんが、5㎝以上に育ってから低温にさらされると、花芽が分化し、越冬後に花が咲いてしまいます。また、春先の肥大時に、子葉部分から割れやすくなります。

一方、種を遅くまき、保温をして小さな苗の状態のまま冬越しさせると、3月以降も花が咲かず、春になってからも良質なニンジンを味わうことができます。普通栽培では、一般地の場合、7月下旬～8月上旬に種をまき、11月上旬から収穫します。一方、遅まきの場合は、10月中旬以降に種をまき、草丈3～4㎝の頃、株間5～6㎝になるように間引きます。

種まきが遅いため、冬になるまでに苗があまり育たず、そのままでは越冬できません。そこで、11月中旬から2月下旬までは、穴あきのビニールトンネルなどで保温します。

2月上旬頃までは、低温のため苗はほとんど大きくなりません。その後、日が長くなるとともに、急激に伸長を始め、肥大が進みます。根の太さが5㎜程度になったら、株間10～12㎝になるよう間引きます。温暖な地域であれば、3月下旬以降に収穫することができます。

どうまく？

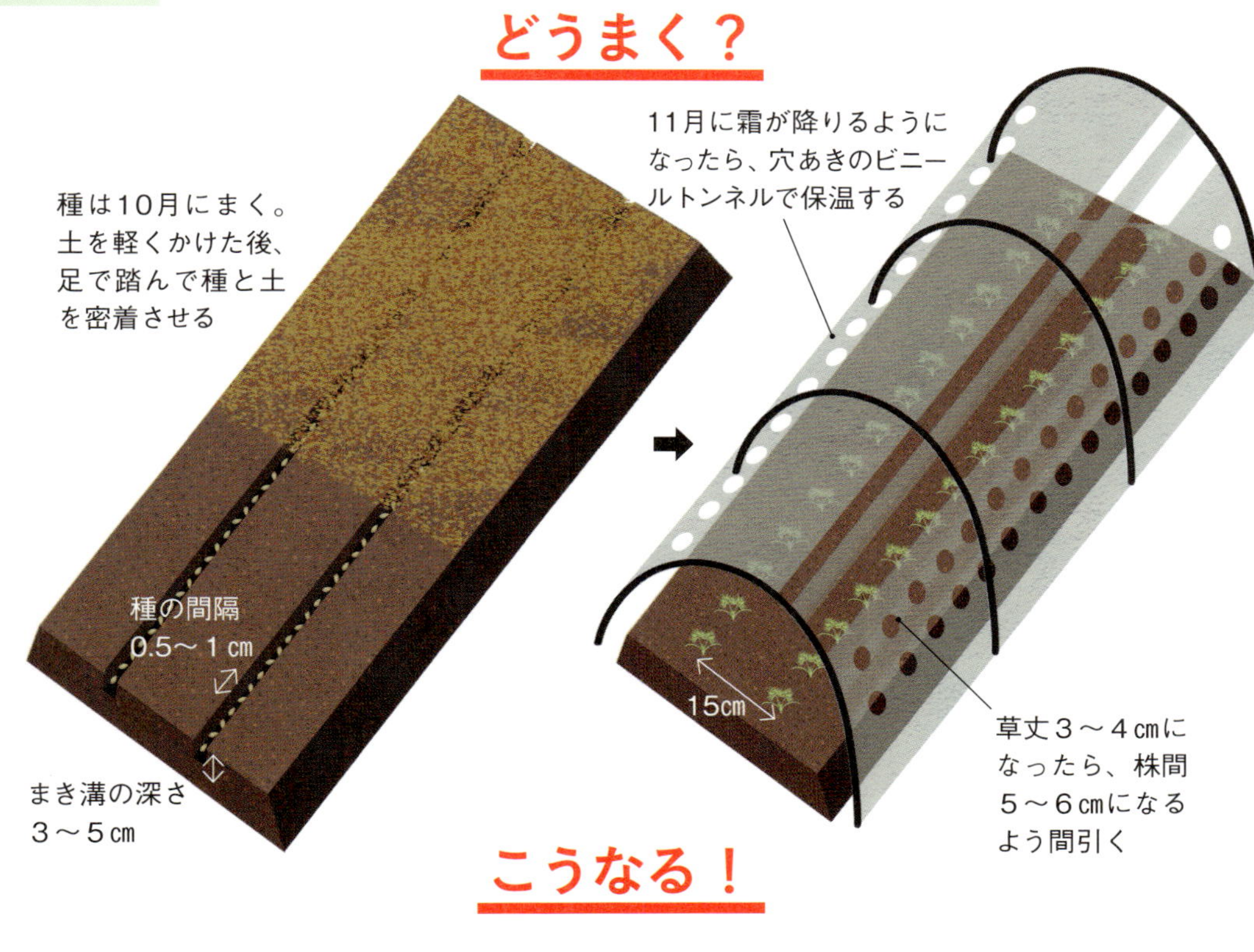
種は10月にまく。
土を軽くかけた後、
足で踏んで種と土
を密着させる
種の間隔
0.5～1㎝
まき溝の深さ
3～5㎝
11月に霜が降りるように
なったら、穴あきのビニー
ルトンネルで保温する
15㎝
草丈3～4㎝に
なったら、株間
5～6㎝になる
よう間引く

こうなる！

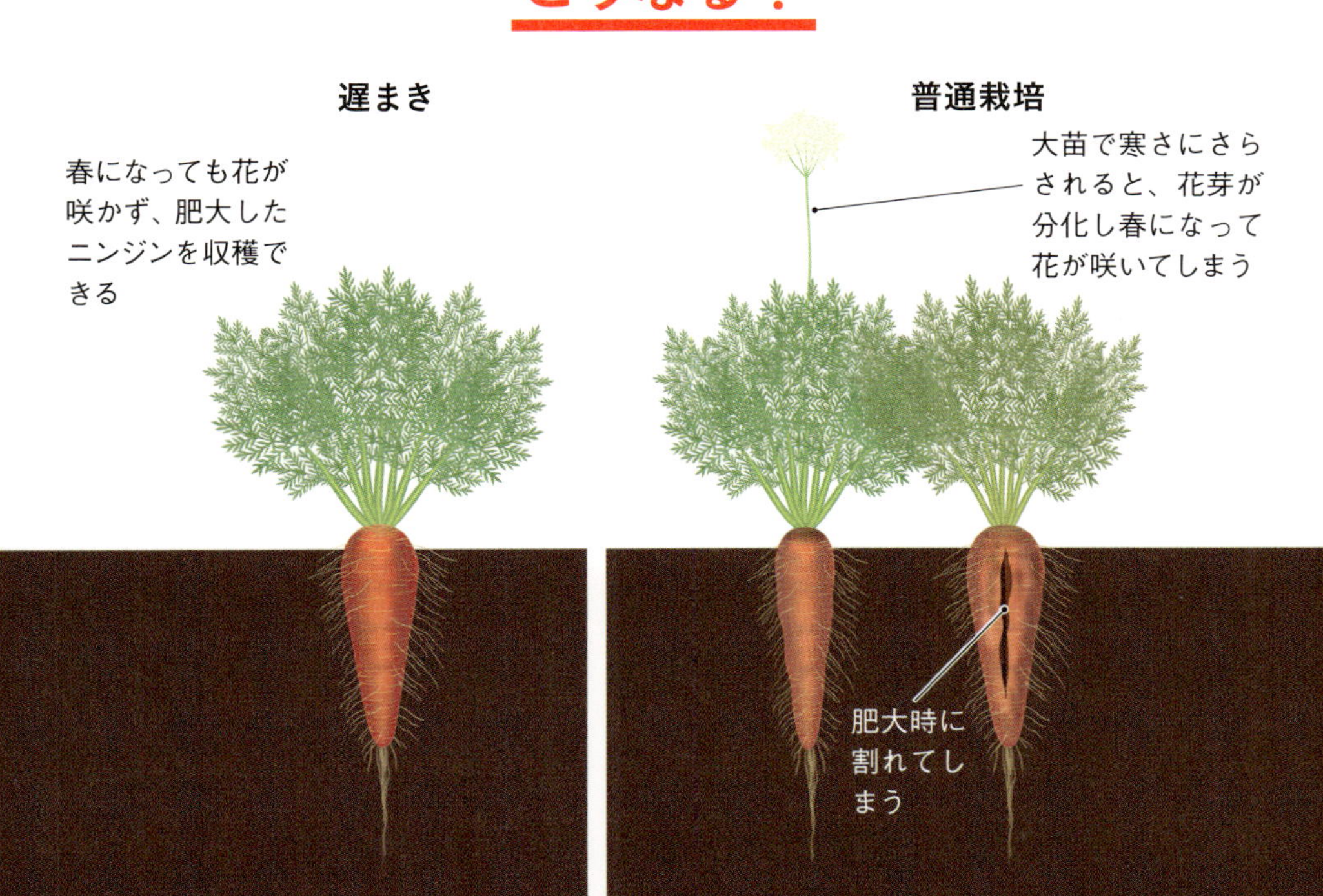
遅まき
春になっても花が
咲かず、肥大した
ニンジンを収穫で
きる
普通栽培
大苗で寒さにさら
されると、花芽が
分化し春になって
花が咲いてしまう
肥大時に
割れてし
まう

ダイコン

●分類　アブラナ科
●原産地　地中海沿岸〜中央アジア

集団で種をまくと育ちがよくなる

ダイコンは12〜28℃の比較的冷涼な気候を好みます。ニンジン同様に土壌条件を選ばず、手軽に栽培できる家庭菜園の定番野菜の一つです。

一般的にアブラナ科野菜は、さやがはじけることで、種を周囲に分散させます。ところがダイコンは、さやのまま地上に落ちるので、集団で種まきされることを好みます。

種は、30㎝間隔で直径3〜5㎝の穴に5〜6粒ずつまきます。一斉に発芽するので、3回に分けて間引きます。1回目は本葉1枚で、3本を残します。2回目は本葉3〜4枚で2本を残し、最後は本葉6〜7枚で、1本とします。ダイコンは、子葉と同じ向きに側根が発生するため、隣の株と養水分の競合が生じないよう、子葉が畝に対し直角に広がった株を残します。

収穫は、種をまいてから60〜70日後に行います。収穫が遅れると、スが入ります。12月上旬以降は、気温の低下により生育が止まるので、藁などで囲うか、引き抜いて首の部分まで土中に埋めておくと、春まで利用できます。

ダイコンはストレスを受けると、辛みのもとになる成分グルコシノレートを産生します。そのため、過乾や過湿に遭ったり、株を動かされたりすると、辛くなります。逆に、適期や適地で育ったダイコンはストレスが少なく甘くなるので、練馬や三浦などのダイコン産地が生まれました。

基本の種まき

３回に分けて間引きする。
間引きダイコンは葉ダイコ
ンとして利用できる
ダイコンは、子葉と同じ
向きに側根が発生する。
そのため、間引きのさい
は、子葉が畝に対し直角
に広がった株を残す
株間30㎝
畝高10㎝
１穴に５～６粒種をまく
畝幅70㎝

種まき時期

一般地　８月中旬～８月下旬
寒冷地　８月上旬～８月中旬
温暖地　９月上旬～９月中旬

畑の準備

肥料は控えめとし、種まきの４週間前までにボカシ肥を施用し、20㎝程度までよく耕す。未熟な有機物の施用は禁物。

裏ワザ❶

サトイモとの混植

平地でも夏ダイコンが収穫できる

ダイコンは生育温度の幅が広く、春と秋に栽培できます。しかし高温には弱いため、真夏に平地で栽培するのは難しく、夏ダイコンは高冷地産が中心です。しかし、サトイモの日陰を利用すれば、平地でも夏ダイコンがつくれます。

また、夏ダイコンは害虫による食害が大きく、時には壊滅的被害が出ます。しかしサトイモと混植すれば、サトイモの大きな葉が障壁となり、ダイコンへの害虫の飛来が少なくなります。

ただし、日陰でも高温によるストレスは受けるので、春や秋の栽培と比べ、辛くなります。

サトイモは、4月下旬～5月上旬に東西畝で植えつけます。ダイコンの種は、サトイモの葉が十分に伸長した6月上～中旬に、日陰となるサトイモの北側にまきます。間引きは、普通栽培と同じく3回行います。1回目は本葉1枚の頃3本を残し、2回目は本葉3～4枚の頃2本を残し、最後は本葉6～7枚の頃1本とします。

間引きをする時期は、梅雨時にあたります。ダイコンは普通、苗の移植は行いませんが、曇りや雨の日が続くため、間引いたダイコンは、サトイモの北側の空いた部分に植えつけてもよいでしょう。ただし、移植したダイコンは、高温と根の切断により、強烈なストレスを受けているため、苦くて辛くなります。そのため、ダイコンとしてではなく、葉としての利用をお勧めします。

※畑の準備は、125ページに準じる。

どうまく？

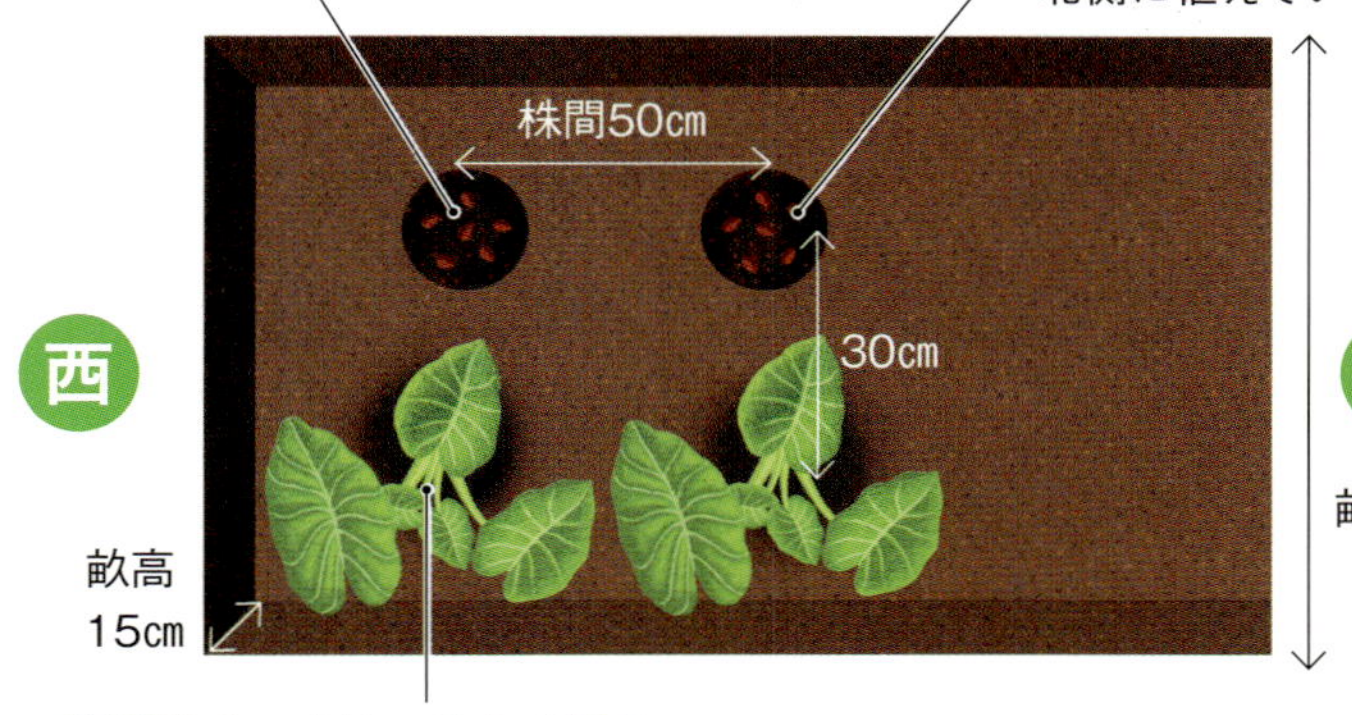
ダイコンの種は、サトイモの北側に、
１穴に５～６粒ずつまく
普通栽培と同じように３回に分
けて間引きする。間引いた苗も
北側に植えていくとよい
株間50㎝
30㎝
西
東
畝幅90㎝
畝高
15㎝
東西畝をつくり、サトイモの
種イモを、深さ５㎝に植える

こうなる！

西
サトイモの葉の
陰でダイコンは
大きく育つ
南
サトイモの葉
により害虫の
飛来が抑えら
れる
北
高温によるストレスで、
春や秋にまいたダイコ
ンよりは辛くなる
東

ジャガイモ

●分類　ナス科
●原産地　南アメリカ

基本は芽を上に向けて植えつける

ジャガイモの生育適温は12～23℃で、冷涼な気候を好み、30℃以上になると、完全に生育が停止します。日本国内では、春と秋に2回栽培できるので、「二度芋」とも呼ばれます。

ジャガイモは、種イモから育てます。種イモ専用のイモを準備し、弱い光の当たる風通しのよい場所で芽を出させます（浴光催芽）。芽が2～5㎜ほど伸びたら、ストロン（哺乳類でいうヘソの緒のようなもの）で親株とつながっていたヘソの部分を切り落とします。そして、芽が2～3個つくよう縦に切り分けて、1個40～60gの種イモを準備します。ジャガイモの導管は、ストロンから縦に伸びており、横に切ると導管もいっしょに切断され、萌芽しないので注意します。切り分けたイモは、病原菌の感染を防ぐために、2～3日は日陰で乾燥させ、切り口にカルス（傷口をふさぐために増殖する組織）を形成させます。

植えつけは、畝に10㎝の植え溝を掘り、種イモを芽を上（切り口を下）に向け30㎝間隔で置き、土をかけます。萌芽数が多ければ勢いの強い3～4本残し、他はかき取ります。草丈が20㎝前後に生育したら、土を厚さ4～5㎝寄せ、2週間後にも同じように土寄せします。6月頃から、気温の上昇とともに生育が緩慢になります。地上部が黄化したら、晴天の日に掘り上げ、半日程度畑に放置し、表皮を乾燥させ貯蔵します。

基本の植えつけ

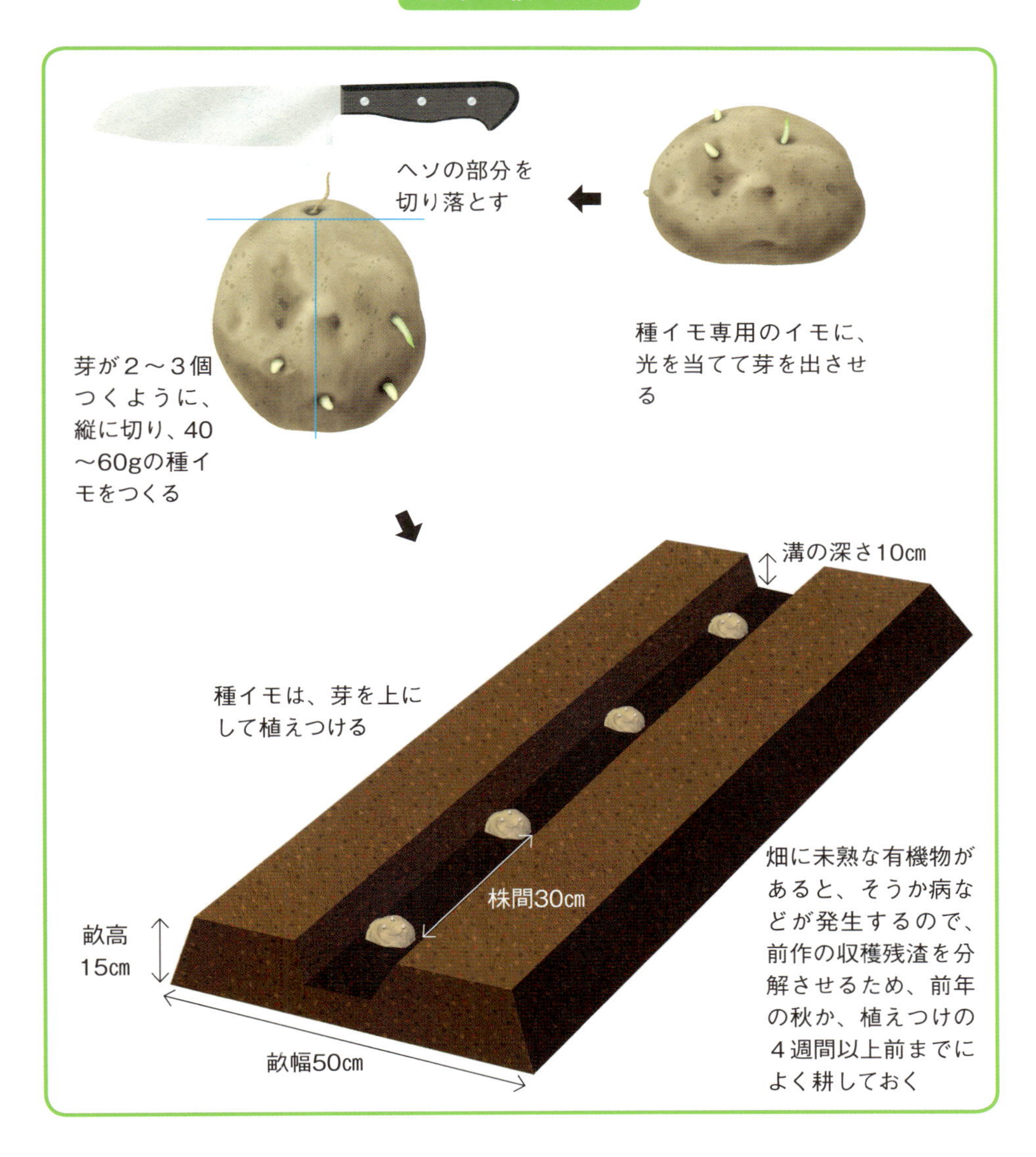

ヘソの部分を切り落とす

種イモ専用のイモに、光を当てて芽を出させる

芽が2〜3個つくように、縦に切り、40〜60gの種イモをつくる

種イモは、芽を上にして植えつける

溝の深さ10cm

株間30cm

畝高15cm

畝幅50cm

畑に未熟な有機物があると、そうか病などが発生するので、前作の収穫残渣を分解させるため、前年の秋か、植えつけの4週間以上前までによく耕しておく

植えつけ時期

一般地　３月下旬と９月上旬
寒冷地　６月上中旬
温暖地　３月中旬と９月中旬

畑の準備

低栄養でも生育する。堆肥は用いず、肥料を投入する場合は、前年の秋か植えつけ４週間以上前までに、ボカシ肥を土となじませておく。

裏ワザ❶

逆さ植え

芽かきの手間が減り、病害虫に強くなる

※植えつけ時期／畑の準備／溝の深さ・株間・畝高・畝幅は、129ページに準じる。

通常ジャガイモの種イモは、芽を上に向けて植えつけていきます。

一方、芽を下に向けて植える「逆さ植え」という栽培方法も、病害虫に強くなる篤農技術として密かに伝承されてきました。

逆さ植えは、一般の栽培書などではタブーとされる植え方ですが、最近の研究で、病害虫に対する抵抗性が誘導されることが明らかになっています。植物は刺激を受けると、それに対応するタンパク質をつくりだします。逆さ植えは萌芽するときに土の圧力を受けるため、病害虫への抵抗性や環境適応性が向上すると考えられます。また、逆さ植えでは、芽数が少なくなるため、芽かきの手間が減り、省力栽培にもつながります。

芽を出すための浴光催芽と、イモの切り分けは、普通栽培と同じように行います。そして、畝に深さ10cmの植え溝を掘り、株間30cmで、切り口を上に、芽のある部分を下にして、芽を折らないように丁寧に植えつけます。

芽は、種イモの下から伸びていくため、萌芽はやや遅れます。土の圧力を受けるので、弱い芽は途中で生育を止めてしまい、強い芽だけ地上部に伸長していきます。芽数が少なくなり、通常は芽かきの必要はなく、多い場合のみかき取ります。また、土寄せは普通栽培と同じように2回行います。

どう植える？

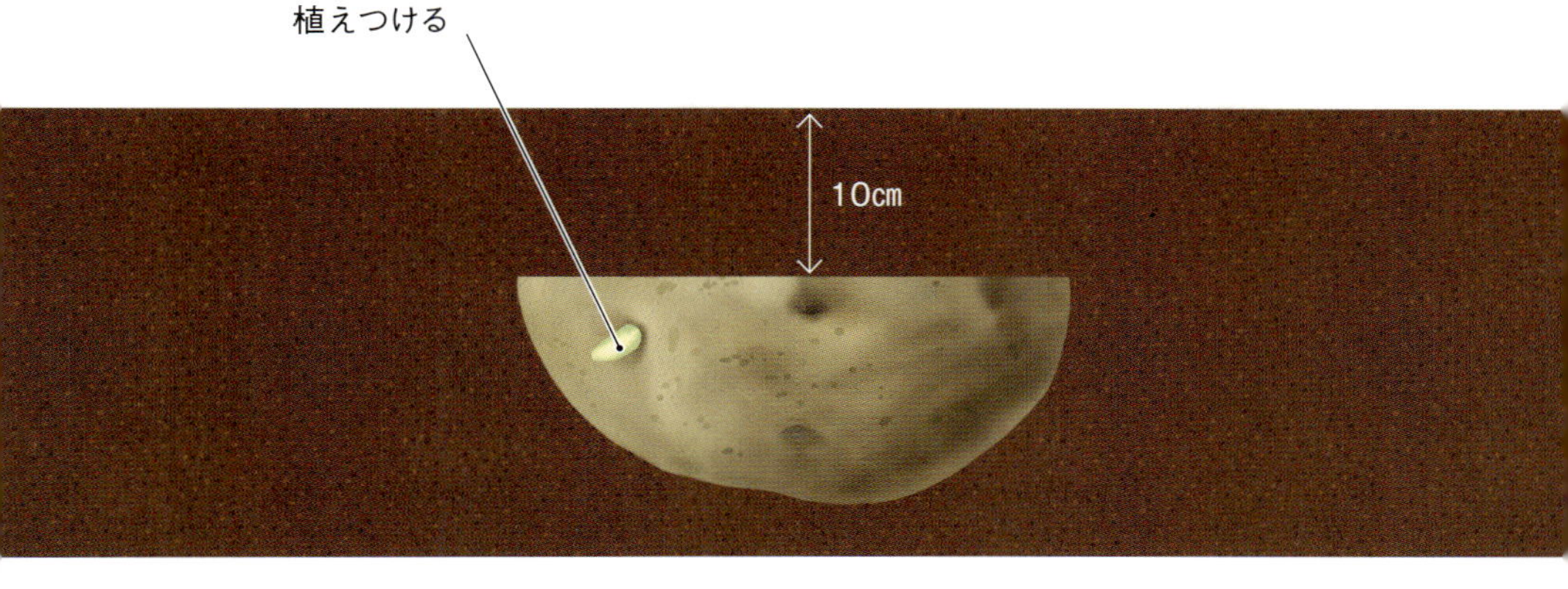

こうなる！

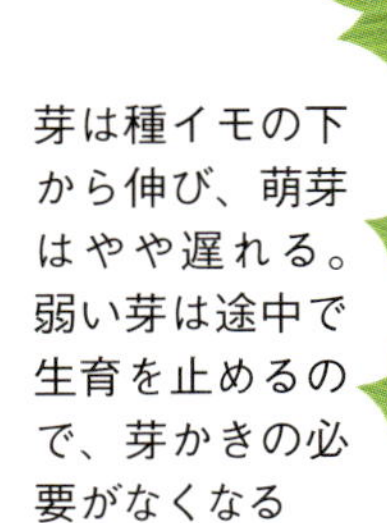

芽は種イモの下
から伸び、萌芽
はやや遅れる。
弱い芽は途中で
生育を止めるの
で、芽かきの必
要がなくなる

病害虫への
抵抗性が誘
導され、乾
燥などの影
響も受けに
くくなる

裏ワザ②

高畝植え

湿害に強く、土寄せの手間が省ける

※植えつけ時期／畑の準備／株間・畝幅は、129ページに準じる。

ジャガイモは湿気に弱く、高畝にすると湿害を防止できます。水はけの悪い畑に向いた植えつけ方法です。畝の高さは、普通栽培の2倍の30cmとします。そして、畝の中央に、普通栽培より深い15〜20cmの植え溝を掘り、種イモは株間30cmで植えつけていきます。

高畝植えでは、逆さ植えと同じように萌芽が遅れますが、根の伸びる範囲が広くなります。日当たりもよくなるため、その後の生育は、普通栽培より旺盛になります。また、選ばれた強い芽だけが伸長するため、芽の本数が減り、芽かきの手間が省けます。ただし、芽数が多い場合は、強い芽を3〜4本残してかき取ります。

ジャガイモは、イモに光が当たって緑色になると、チャコニンやソラニンなど有毒成分が生成されます。土寄せには、イモを遮光してこれらの成分の生成を防ぐ目的もあります。高畝植えでは、イモは深い位置につき、光が当たる心配がないため、土寄せはほとんど必要ありません。

湿害の心配が少ないため、地上部が完全に枯死し、茎のあった部分がやや凹んだ時期に収穫します。普通栽培で収穫適期とされる葉の黄化期は、本来は収穫にはやや早く、地上部が完全に枯死しイモが完熟したときが収穫適期です。こうするとイモの日もちがよく、上手に保存すると、次の年の植えつけ時期まで利用できます。

どう植える？

高畝植え

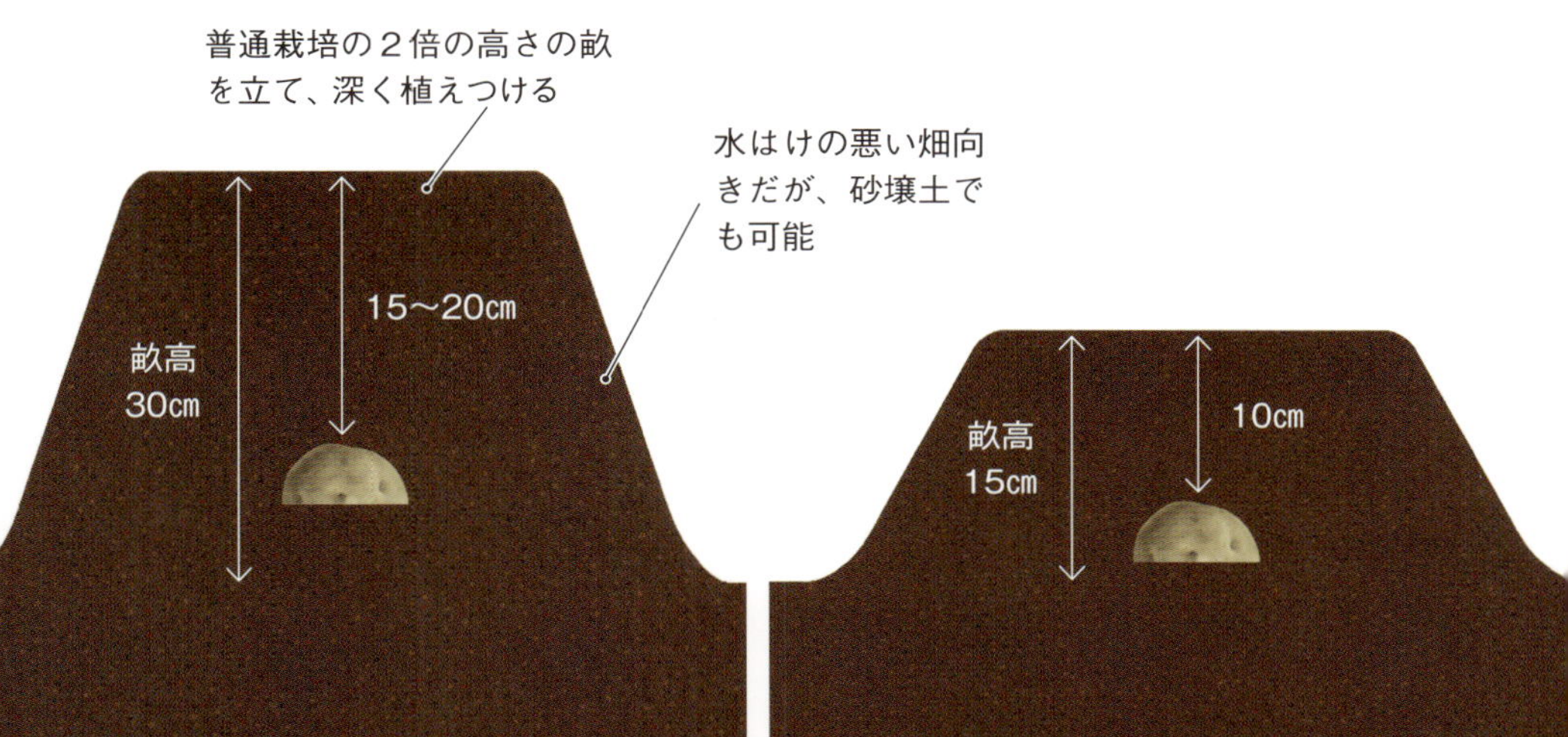
普通栽培
普通栽培の２倍の高さの畝を立て、深く植えつける
水はけの悪い畑向きだが、砂壌土でも可能
15～20㎝
畝高
30㎝
畝高
15㎝
10㎝

こうなる！

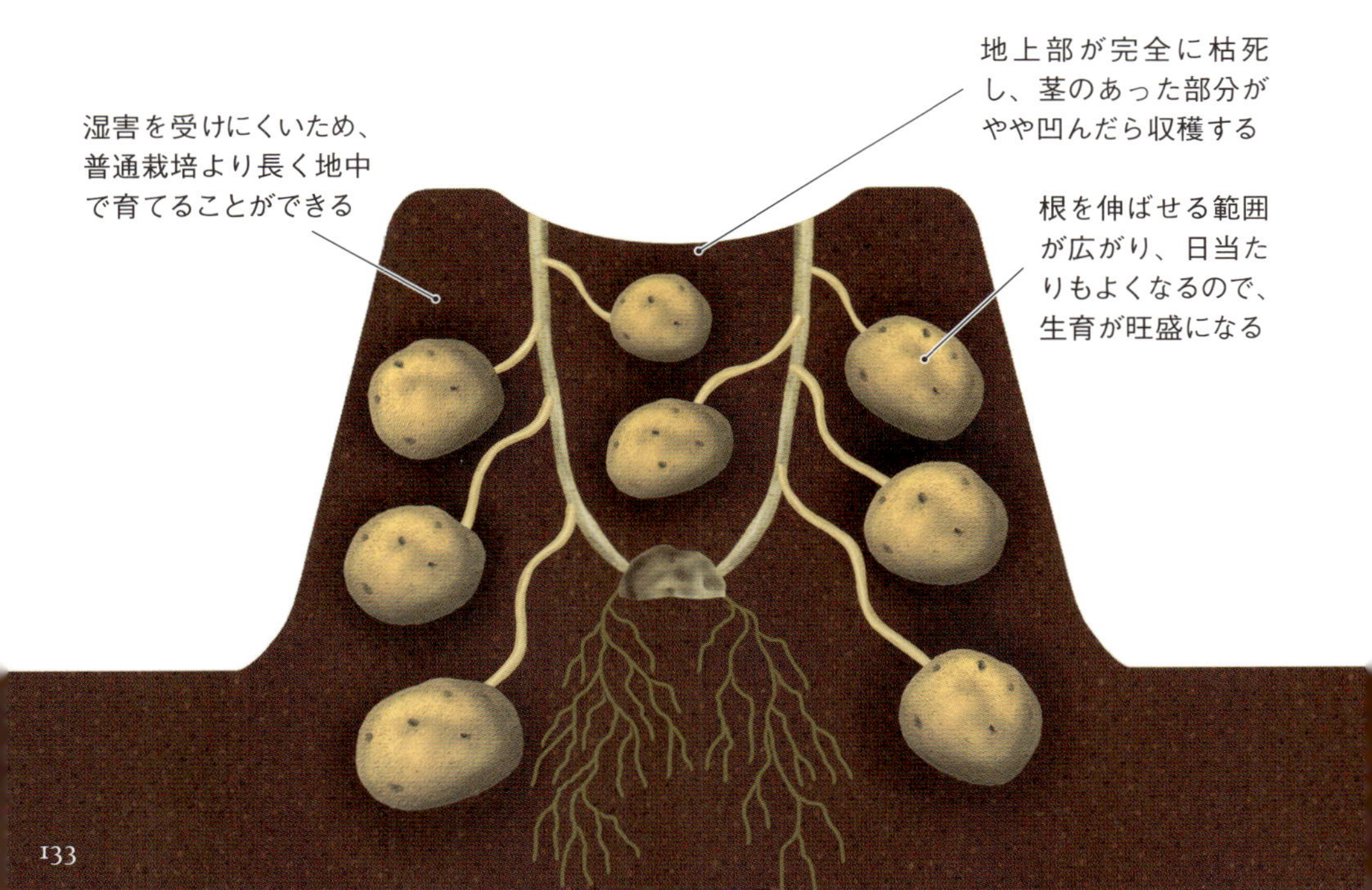
湿害を受けにくいため、普通栽培より長く地中で育てることができる
地上部が完全に枯死し、茎のあった部分がやや凹んだら収穫する
根を伸ばせる範囲が広がり、日当たりもよくなるので、生育が旺盛になる

裏ワザ③

強い風雨から守り疫病の発生を防ぐ

アカザ＆シロザとの混植

※植えつけ時期／畑の準備／溝の深さ・株間・畝高・畝幅は、129ページに準じる。

ジャガイモの植えつけ時期は、雑草の発芽時期と重なります。このため、雑草を放置しておくと、繁茂して雑草畑になってしまいます。とくに、アカザやシロザという雑草は、ジャガイモとの共栄を好むため、ジャガイモ畑でよく見かけます。

ジャガイモには、疫病という葉に黒い斑点が生じる重要病害があり、風雨によって伝染します。しかし、アカザやシロザが生えていると、これらの雑草の枝葉によって、疫病の胞子の飛散が抑えられ、感染も抑制されます。

畑の準備ができたら、畝に黒いポリマルチを張り、植え穴をあけます。そして、普通栽培と同じように準備した種イモを植えつけていきます。

また、普通栽培と同じように植えつけた後に、畝にマルチを張り、芽が伸び盛り上がってきた部分に穴をあけてもよいでしょう。

植えつけ後は、マルチにより、畝には草が生えてきません。しかし、通路は除草せずに放置すると、アカザやシロザが、他の雑草とともに生えてきます。

その後も、畝の部分は黒マルチで覆われているため、雑草は生えませんが、通路には雑草が茂ってきます。とくに、アカザとシロザは根を深く伸ばすため、草丈も高くなり、他の草を排除しながら繁茂します。草勢が強すぎる株は抜き取りますが、そうでない株はそのまま生育させます。

どう植える？

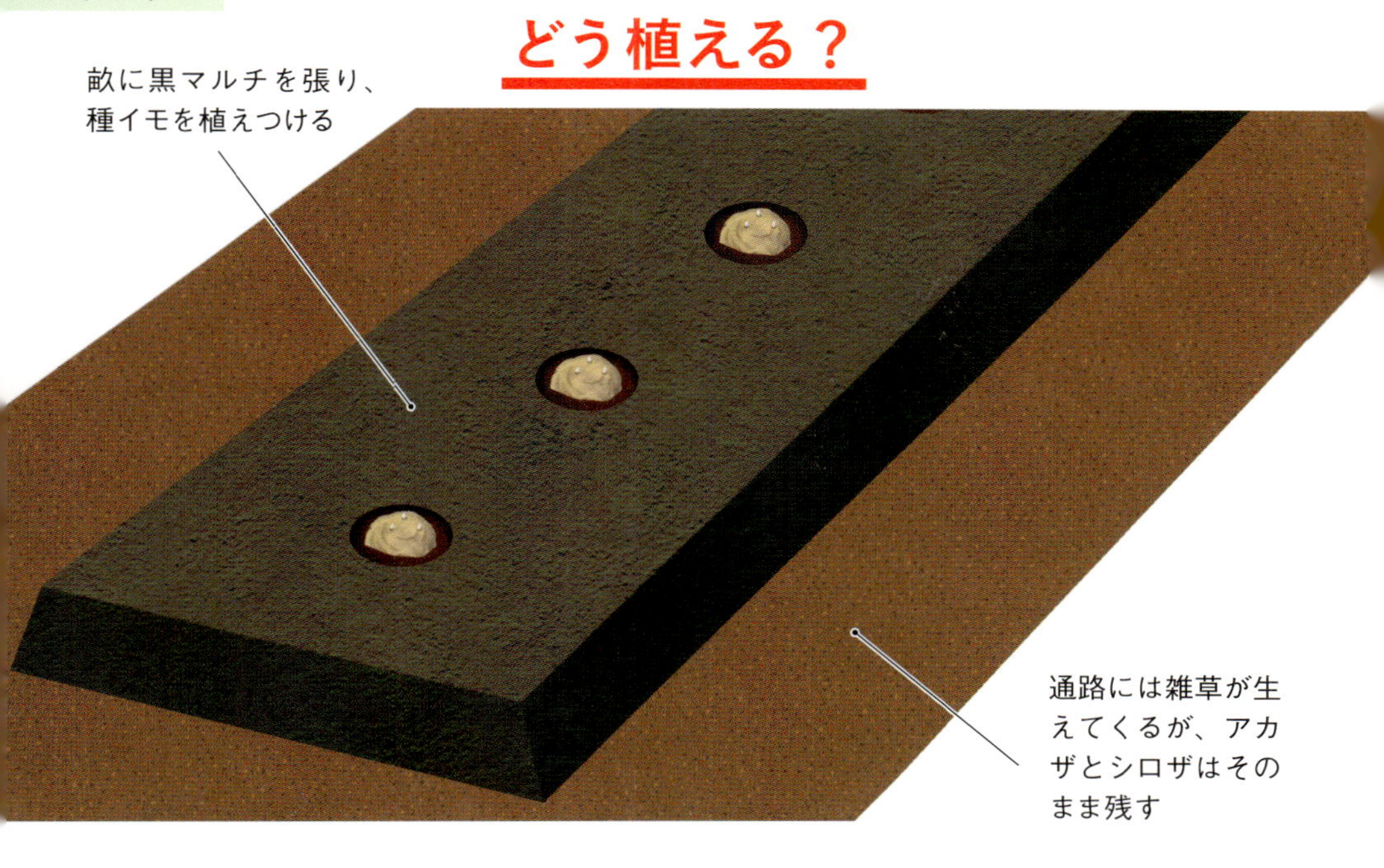
畝に黒マルチを張り、
種イモを植えつける
通路には雑草が生
えてくるが、アカ
ザとシロザはその
まま残す

こうなる！

アカザやシロザの枝葉が、
ジャガイモの疫病の胞子
飛散を抑える
草勢が強くなりす
ぎたアカザとシロ
ザは抜き取る

裏ワザ④

超浅植え

植えつけ・収穫がラクラクで収量も増える

※植えつけ時期／畑の準備／株間・畝高は、129ページに準じる。

種イモを土に埋めず、土寄せもまったく行わない栽培方法です。種イモは畝の上に置き、黒いポリマルチを張り遮光して育てます。

畝は、マルチの幅に合わせて準備します。幅90cmのマルチを使用する場合、マルチの裾がしっかり土の中に埋まるように、畝幅70cmとします。種イモは、普通栽培と同じように浴光催芽させ、切り分けておきます。

植えつけは、芽の部分が上（普通植え）、下（逆さ植え）のどちらでも可能ですが、逆さ植えのほうが旺盛に生育します。畝の表面に、株間30cmで種イモを押しつけるように並べ、その上に黒マルチを張ります。

10日ほどすると、芽が伸長してマルチが盛り上がってくるので、マルチを破って芽を外に出します。その後の管理はまったく不要です。

ジャガイモのイモの部分は、じつは茎が肥大したものです。茎は、地中より地表でのほうが生長が盛んになりますから、超浅植えでは、ストロンが盛んに伸び、先端にイモがつきます。このため、収穫量は普通栽培の約1・5倍になります。

収穫は、葉が黄化したら行います。イモが成熟するように収穫の2～3日前に地上部を切り取り、マルチは収穫当日に外します。イモは半分程度が土に埋まり、地表にゴロゴロしていますので、掘り上げる必要はなく、拾い集めて収穫します。

どう植える？

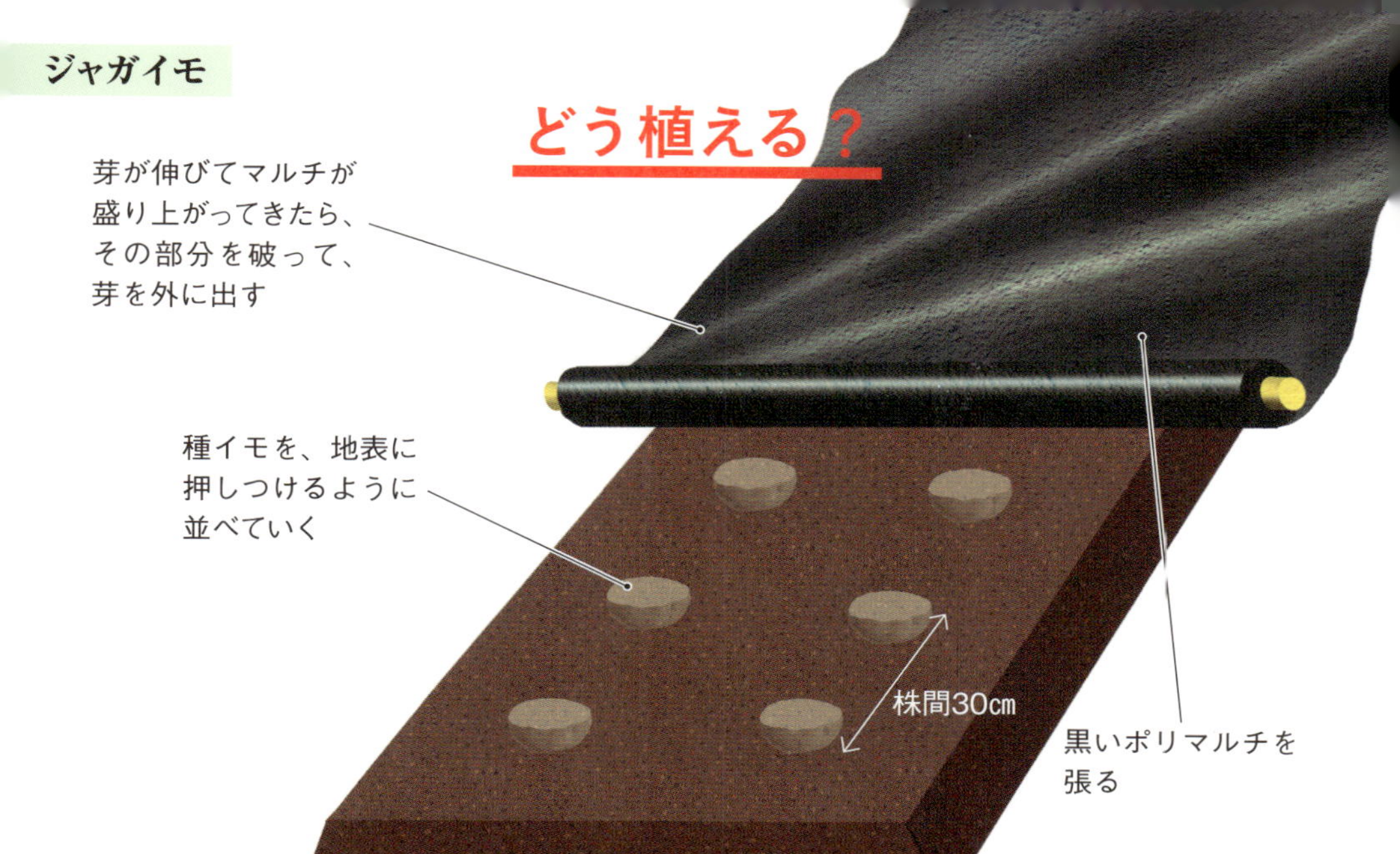
芽が伸びてマルチが
盛り上がってきたら、
その部分を破って、
芽を外に出す
種イモを、地表に
押しつけるように
並べていく
株間30㎝
黒いポリマルチを
張る

こうなる！

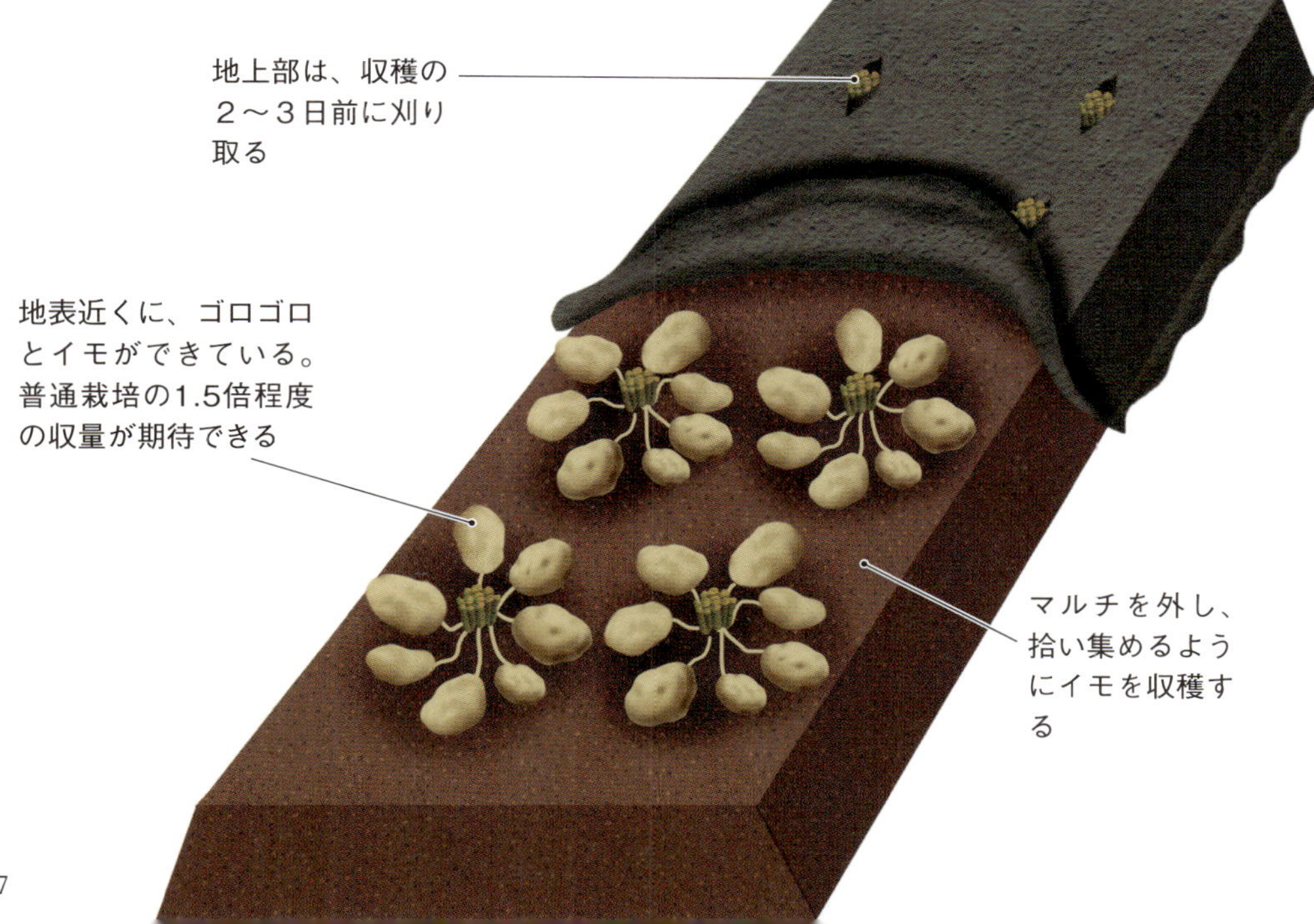
地上部は、収穫の
２～３日前に刈り
取る
地表近くに、ゴロゴロ
とイモができている。
普通栽培の1.5倍程度
の収量が期待できる
マルチを外し、
拾い集めるよう
にイモを収穫す
る

裏ワザ⑤

病害虫に強くなり、芽かきを省力できる

丸ごと植え

※植えつけ時期／畑の準備／溝の深さ・株間・畝高・畝幅は、129ページに準じる。

ジャガイモには、春に植え初夏に収穫する作型（春植え）と、9月上旬に植え11月〜12月に収穫する作型（秋植え）があります。10月頃には、初夏に掘り残した小さなイモから生長した野良生えのジャガイモを見かけることがあります。丸ごと植えは、野良生えと同じように、種イモを切り分けずに植えつけます。種イモが小さい場合や、秋植えする場合に向きます。

丸ごと植えでは、種イモを切り分ける場合と比べ、子孫を残すためのリスクが少なくなるのですべての芽は萌芽せず、必要な芽だけが伸長します。そのため芽の数が少なくなり、芽かきはほとんど必要ありません。また、種イモが切り分けられていないため、軟腐病や乾腐病など病害虫に侵されることが少なくなります。

種イモは、50〜60gの小ぶりのものを準備し、ヘソの部分を切り落とします。浴光催芽させた後、深さ10cmの植え溝に株間30cmで植えつけます。萌芽したら、普通栽培と同じように2回に分けて土寄せします。

春植えで丸ごと植えをする場合、種イモの準備と芽かき以外の管理は、普通栽培と同じです。

秋植えでは、気温の高い時期に植えつけます。微生物の活動が活発で、土中の有機物は、養分となる無機物に分解されています。畑はよく耕すだけでよく、堆肥や肥料は必要ありません。

どう植える？

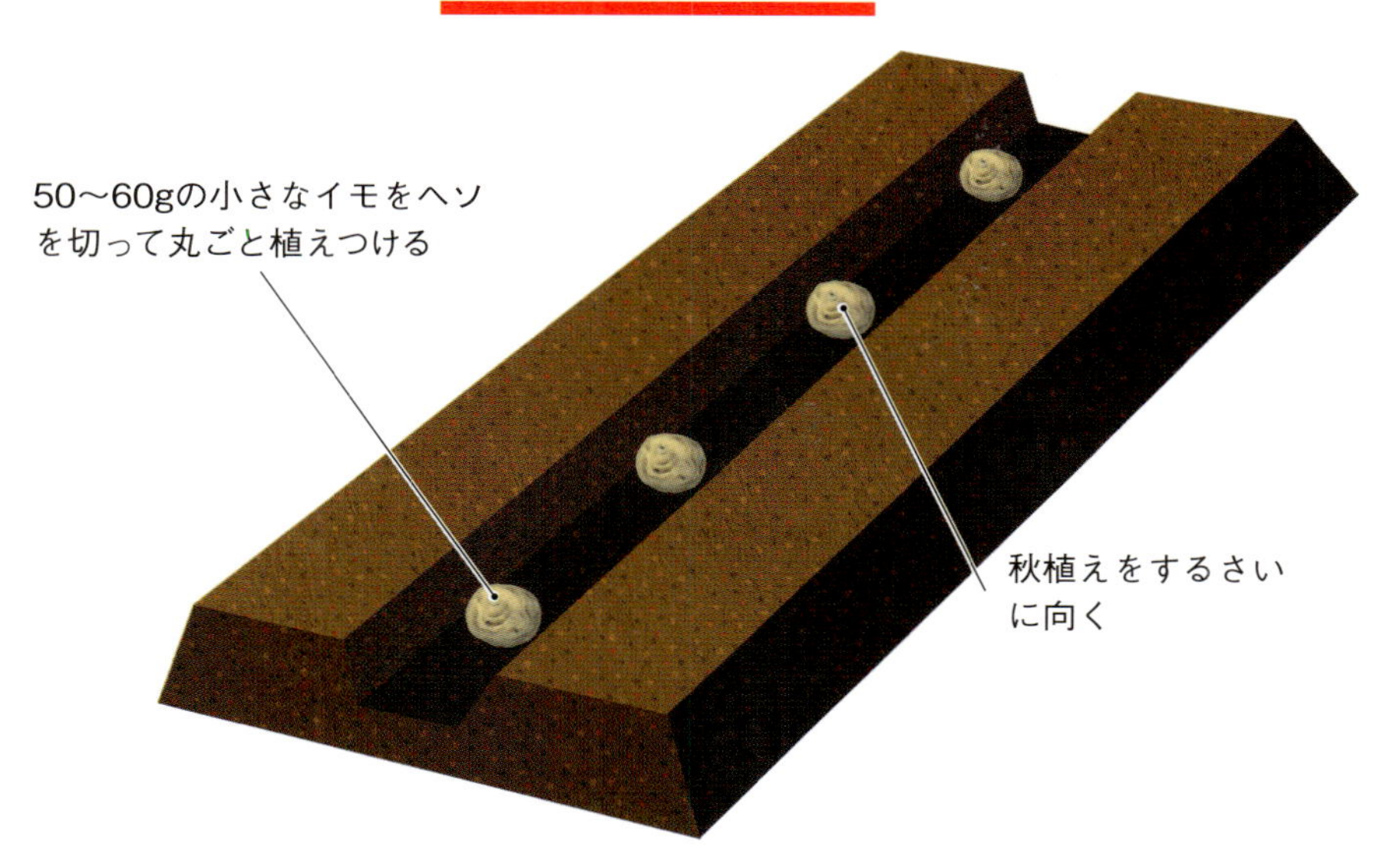
50〜60gの小さなイモをヘソを切って丸ごと植えつける
秋植えをするさいに向く

こうなる！

種イモが切り分けられていないため、病害虫に侵されにくい
秋植えでは、霜が降り、地上部が枯れたら、イモを掘り上げて収穫する
すべての芽が伸びるわけではないので、芽かきの手間が省略できる

裏ワザ⑥

凍霜害と乾燥に強くなる

深溝植え

ジャガイモ栽培では、有毒なチャコニンやソラニンを生産させないため、土寄せをして遮光します。深溝植えでは、あらかじめ掘った溝に種イモを植えつけることで、土寄せを省力化します。ただし、溝に植えつけるため、水はけのよい畑に向いた植えつけ方法です。溝に植えられるため、凍霜害を受けにくく、普通栽培よりやや早く植えつけることができます。また、乾燥しにくいため、雨の少ない年にも有効な栽培方法です。

深溝植えをする場合、植え溝に雨水が流れ込まないよう、事前に畑の周囲に、深さ20㎝×幅20㎝以上の溝を掘っておきます。

種イモは、普通栽培と同じように、浴光催芽し、ヘソを切って、縦に切り分けて、乾燥させてカルスを形成させせます。植えつけのさいは、畑に深さ20㎝×幅20㎝の植え溝を掘ります。株間30㎝で種イモを置き、イモが隠れる程度に薄く土をかけます。土の上に茎葉が伸長してきたら、生長に合わせ、溝のまわりから、土を穴に戻すようにかけます。芽数が多い場合は、芽かきをします。2回目の土寄せでは、地表と同じ高さか、やや土を盛った状態にします。

茎葉が黄化したら、イモを成熟させるため収穫2～3日前に地上部を切り取ります。イモは、普通栽培より深い位置につくので、傷つけないように注意し、スコップや鍬などで掘り上げます。

※畑の準備／株間は、129ページに準じる。

どう植える？

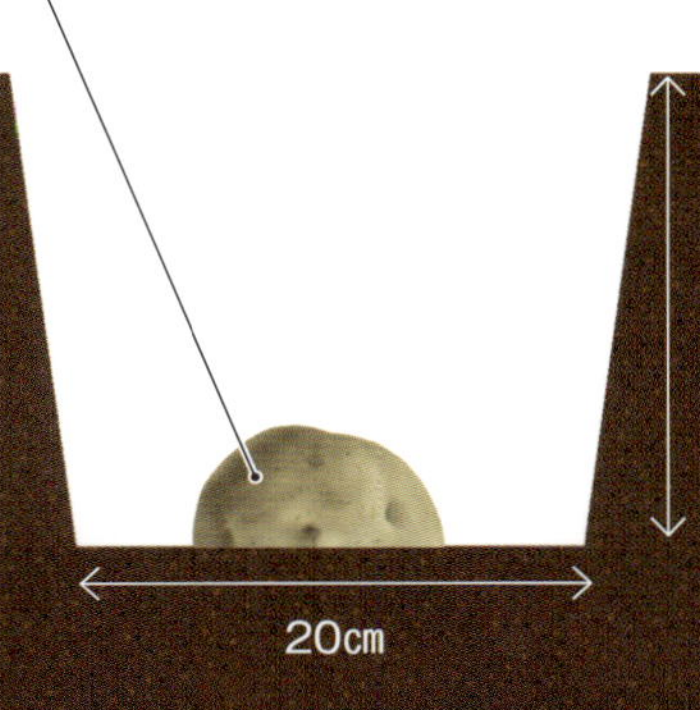
溝に守られ、凍霜害を受けにくくなるので、普通栽培より早く植えられる。また、乾燥しにくくなる
植え溝に雨水が流れ込まないように、畑の周囲には溝を掘っておく
20㎝
20㎝

こうなる！

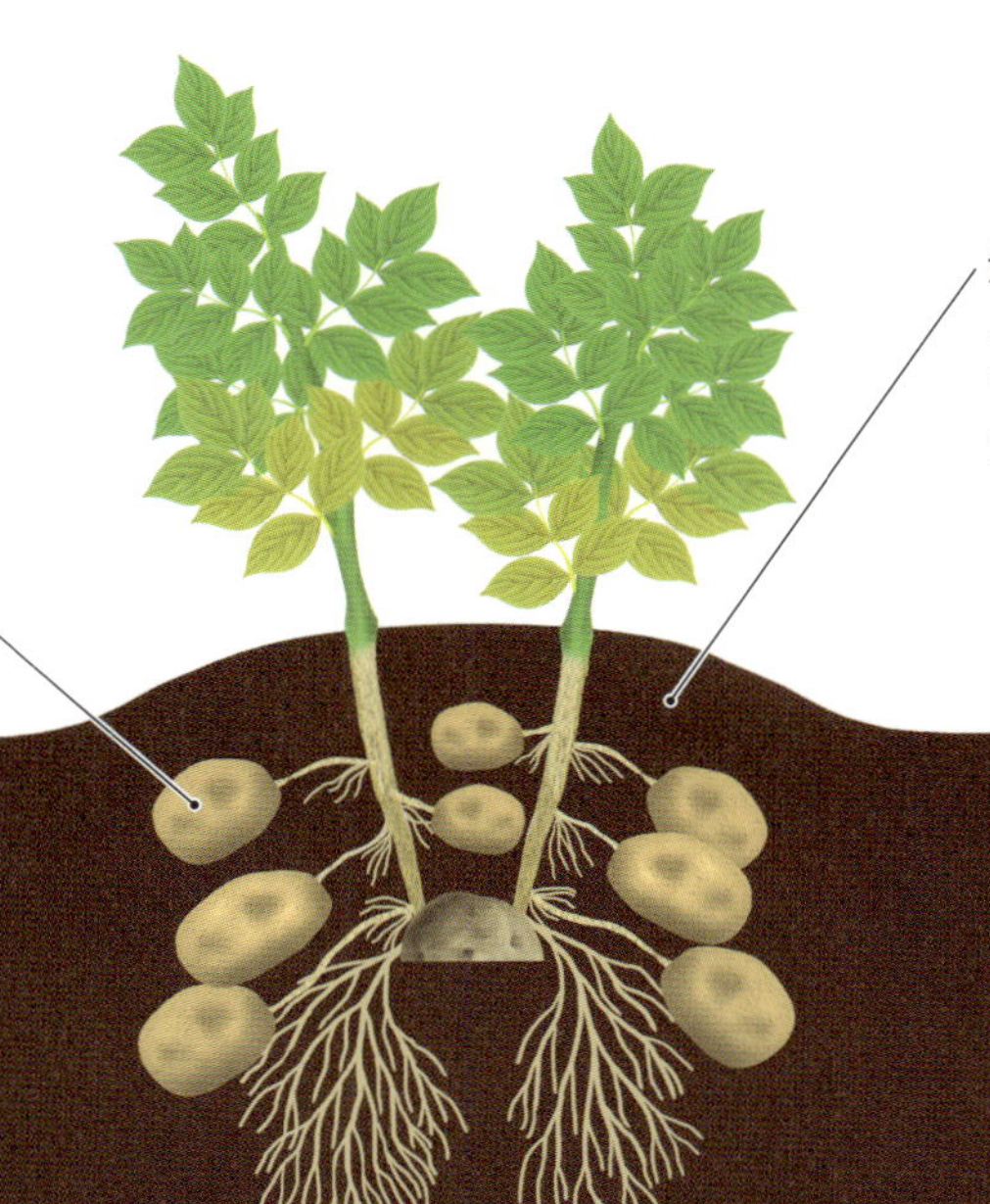
イモは、普通栽培よりやや深い位置につく
溝を埋め戻すように土寄せするため、省力栽培となる

サツマイモ

●分類　ヒルガオ科
●原産地　中央アメリカ

苗は斜めに植えつける

18～28℃の温暖で乾燥した環境を好みます。組織内に、植物の養分となる窒素を、空気中から茎葉に固定する細菌が共生しているため、低栄養の畑など、どこでも簡単に栽培できます。

サツマイモは、葉が6～7枚展開した芽を、苗にします。3月下旬頃にサツマイモをもみ殻などに伏せこむと萌芽するので、この芽を伸ばして苗とするか、購入した苗を用います。苗は3～4日間、日陰の湿った場所に置き、切り口を乾燥させ、切り口からの不定根の発根を促します。

苗は、株間50㎝で斜めに植えつけ、下側の葉3～4枚は土中に埋めます。葉のつけ根には定芽があり、ここから根が伸長します。葉を取ると、発根が遅れてしまいます。活着後は蔓が盛んに伸長しますが、伸びすぎると蔓ボケしてイモが肥大しないので、蔓が畝を覆ったら、蔓を反転させます（蔓返し）。

サツマイモの根は土の中を横に伸び、イモは株元から離れた場所に着生します。収穫1週間前には、蔓を切断し栄養分をイモに転流させます。掘り上げには、鍬やスコップを用います。イモの主成分はデンプンで、そのまま食べても甘くありません。そこで、2～3週間段ボール箱などで保存すると、デンプンが糖類に変わり、甘くなります。低温には弱いですが、12～18℃で保存すれば、春先まで利用できます。

基本の植えつけ

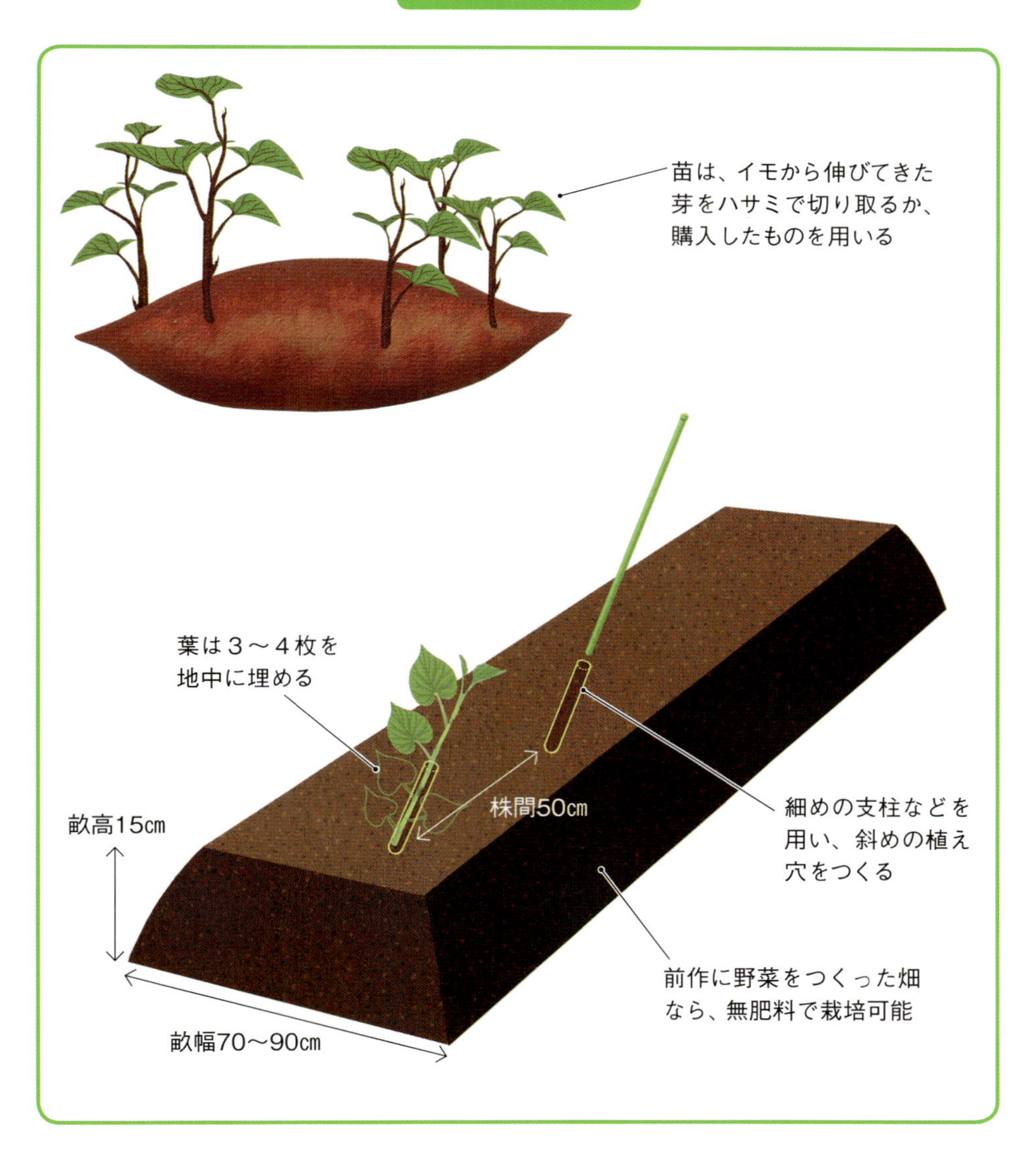
苗は、イモから伸びてきた
芽をハサミで切り取るか、
購入したものを用いる
葉は３～４枚を
地中に埋める
株間50㎝
細めの支柱などを
用い、斜めの植え
穴をつくる
畝高15㎝
前作に野菜をつくった畑
なら、無肥料で栽培可能
畝幅70～90㎝

植えつけ時期

一般地　５月中旬～５月下旬
寒冷地　５月下旬～６月上旬
温暖地　５月上旬～５月下旬

畑の準備

未熟な有機物を嫌うため、堆肥を施用する場合は、完熟した堆肥を用いる。植えつけの２週間以上前によく耕し、畝を立てる。

裏ワザ⑪

垂直植え

丸くて甘いイモが収穫できる

サツマイモは、苗の植えつけ方により、イモの形や着生位置が変わります。

サツマイモには、根が伸びる方向に着生する性質があります。そのため、苗を斜めに植える普通栽培では、根が横に広がり、株元から離れた位置に、細長い形のイモができます。

一方、苗を縦に挿す垂直植えにすると、根が真下に伸び、株元に近い位置に、短くて丸いイモがつきます。この植えつけ方法にすると、普通栽培に比べ、地上部の葉でつくられた養分の転流がスムーズに行われ、デンプン含量が高くなります。収穫できるイモの数は減りますが、養分が濃縮され、甘みも強くなります。

畑の準備は、普通栽培と同じように行います。ただし、苗は、葉が4～5枚展開した短いものを準備します。そして、2～3日間、日陰の湿った場所で保管して発根を促します。

植えつけのさいには葉を取り除かず、2葉は土の中、2～3葉は地上部に出るように、株間30cmで縦に挿していきます。

植えつけられた苗は、地中の2枚の葉のつけ根と、切り口から発根し、根が下方に向かって伸長していきます。

植えつけ後の管理は、普通栽培と同じですが、イモが株元付近に着生するため、蔓を引き上げるだけで収穫できます。

※植えつけ時期／畑の準備／畝高・畝幅は、143ページに準じる。

どう植える？

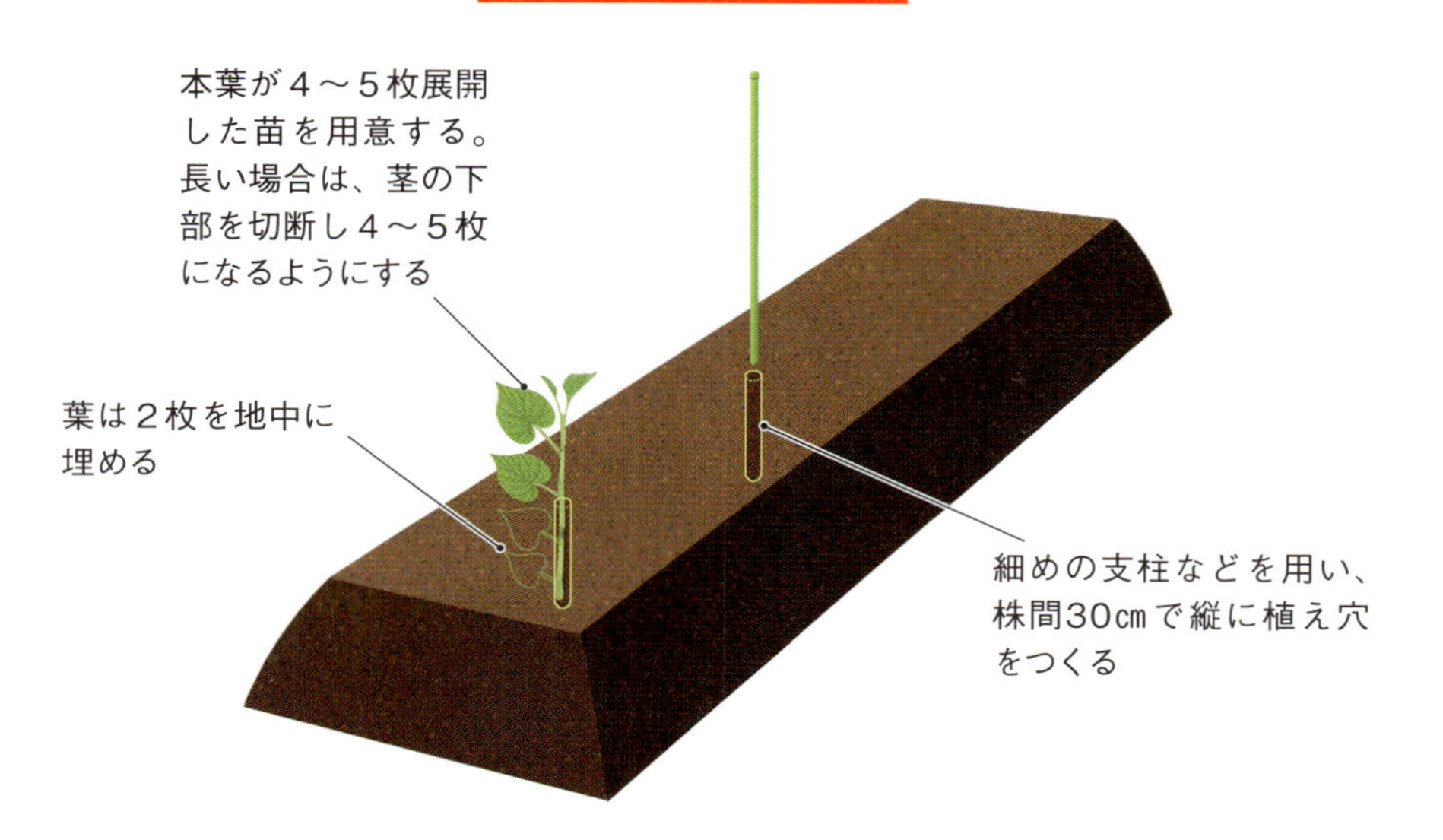

こうなる！

垂直植え

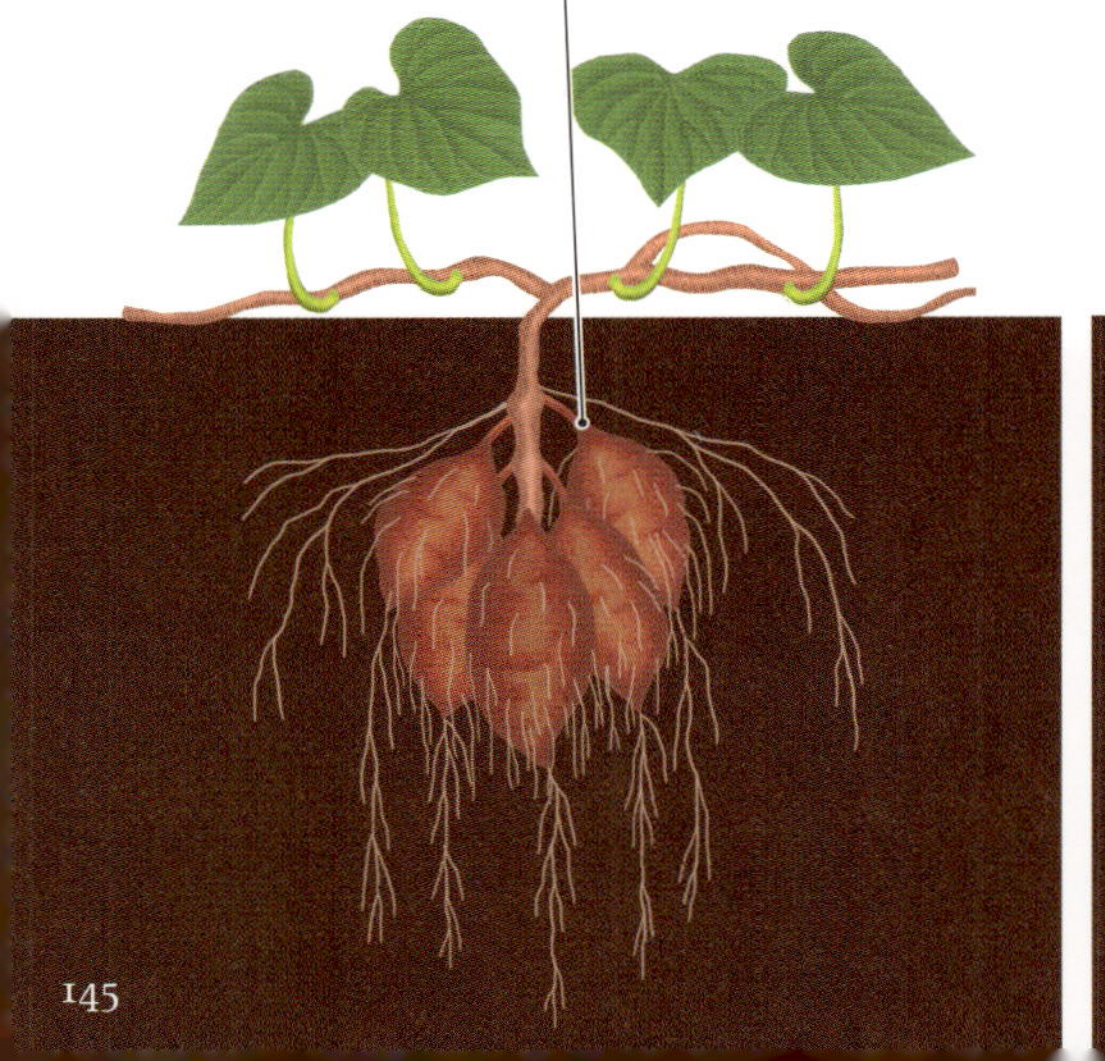

イモは、株元に近い位
置につき、丸く短くな
る。収穫個数は少なめ

普通栽培

イモは、株元から離れた位置
に横に広がってつき、細長く
なる。収穫個数は多め

裏ワザ②

平畝／高畝植え

収量を増やす／品質をより高める

畝の高さ・形を変えることで、収穫できるサツマイモにも違いが出ます。平らな畝で育てると、根を広い範囲に伸ばすことができるので、草勢が強く、収量も多くなります。

一方、高畝をつくって栽培すると、根域が制限されるため、草勢がやや弱くなり、収量も少なくなります。しかし、草勢が抑えられ、養分がイモに集中するため、高品質になります。

平畝植えは、水はけのよい畑で、増収目的で行うのに向いています。苗は、株間50cmで、斜めに植えつけます。平畝では草勢が強くなるため、蔓が隣の畝に到達したら、蔓返しを行います。イモは細長い形になり、株元から離れた位置につきます。そこで、収穫時は太い根を手繰って、イモを傷つけないように掘り上げます。多数のイモが着生し、収穫量は多くなります。

高畝植えは、水はけの悪い畑や、高品質のイモを収穫したい場合に用います。畝は、高さ20cm×幅45cmとし、黒マルチを被覆します。苗は、株間30cmで縦に植えつけていきます。

高畝植えでは、根の伸長が制限されるため、蔓の伸びも抑えられます。イモは株元に近い位置につくため、蔓を引き抜くと、丸いイモが収穫できます。1株から4～6本のイモをとることができますが、平畝植えなどと比べると、収穫量はやや少なくなります。

※植えつけ時期／畑の準備は、143ページに準じる。

どう植える？

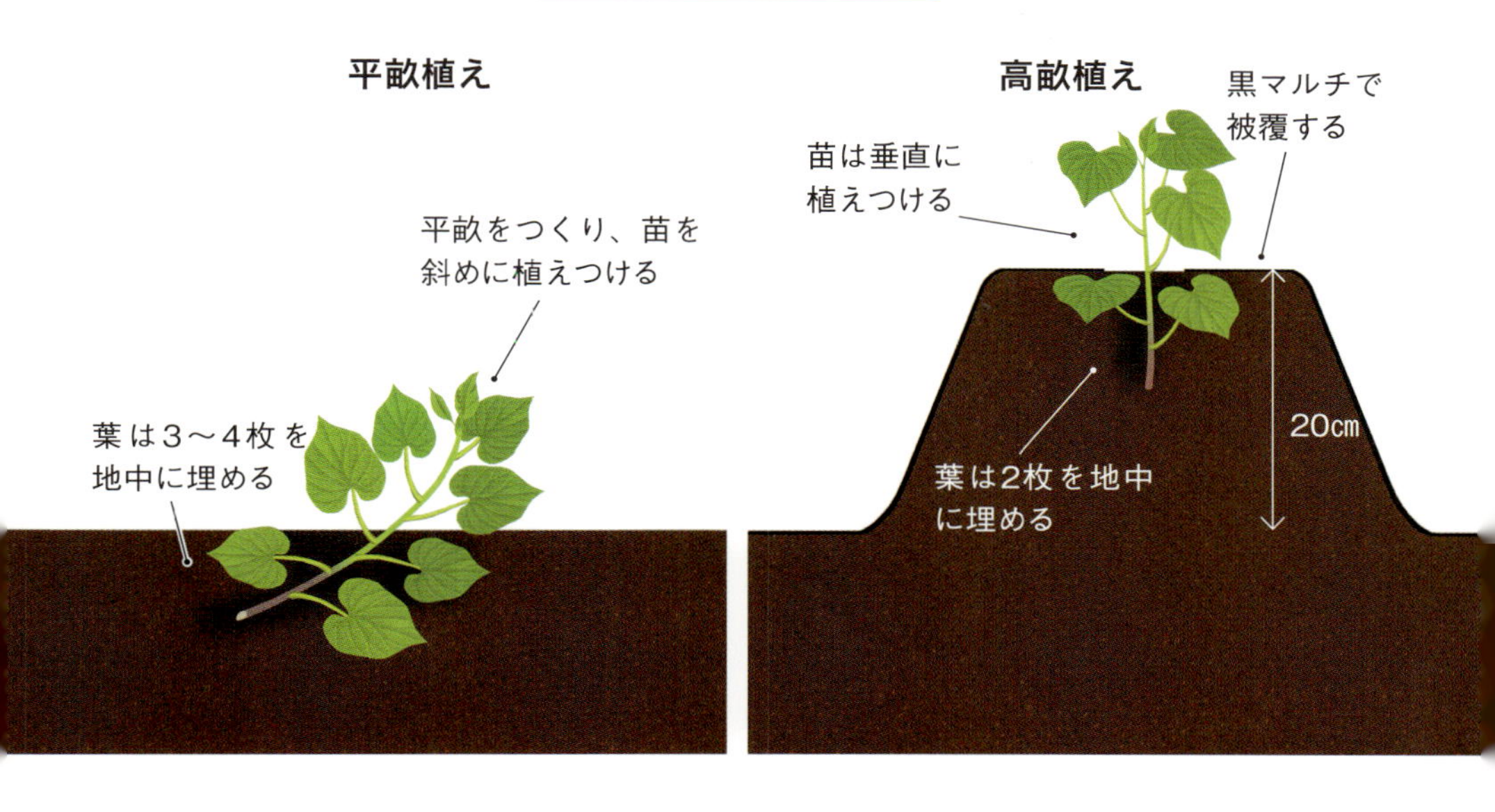

こうなる！

高畝植え

根が伸びる範囲が制限され、
草勢が抑えられる

株元に近い位置に、
丸く高品質のイモ
ができる。収量はや
や少なくなる

裏ワザ③

赤ジソとの混植

蔓返しが省力化され害虫が抑えられる

赤ジソを混植することで、サツマイモの草勢を弱め、蔓返しの手間を省力する栽培方法です。普通栽培と同じ手順で苗を用意して植えつけたら、株間に、赤ジソの種をまくか、苗を植えつけます。赤ジソとサツマイモは、養水分をめぐって競合し、サツマイモの地上部の繁茂が抑えられます。また、赤ジソにはサツマイモへの害虫飛来を抑制する効果があるため、害虫の被害が少なくなります。

どう植える？

※植えつけ時期／畑の準備／株間・畝高・畝幅は、143ページに準じる。

サツマイモの株間に、赤ジソの種をまくか、苗を移植する
サツマイモは、普通栽培と同じように斜めに植えつける

こうなる！

赤ジソがサツマイモの害虫飛来を抑制
サツマイモの蔓の繁茂が抑えられる
赤ジソはこぼれ種から翌年も発芽する

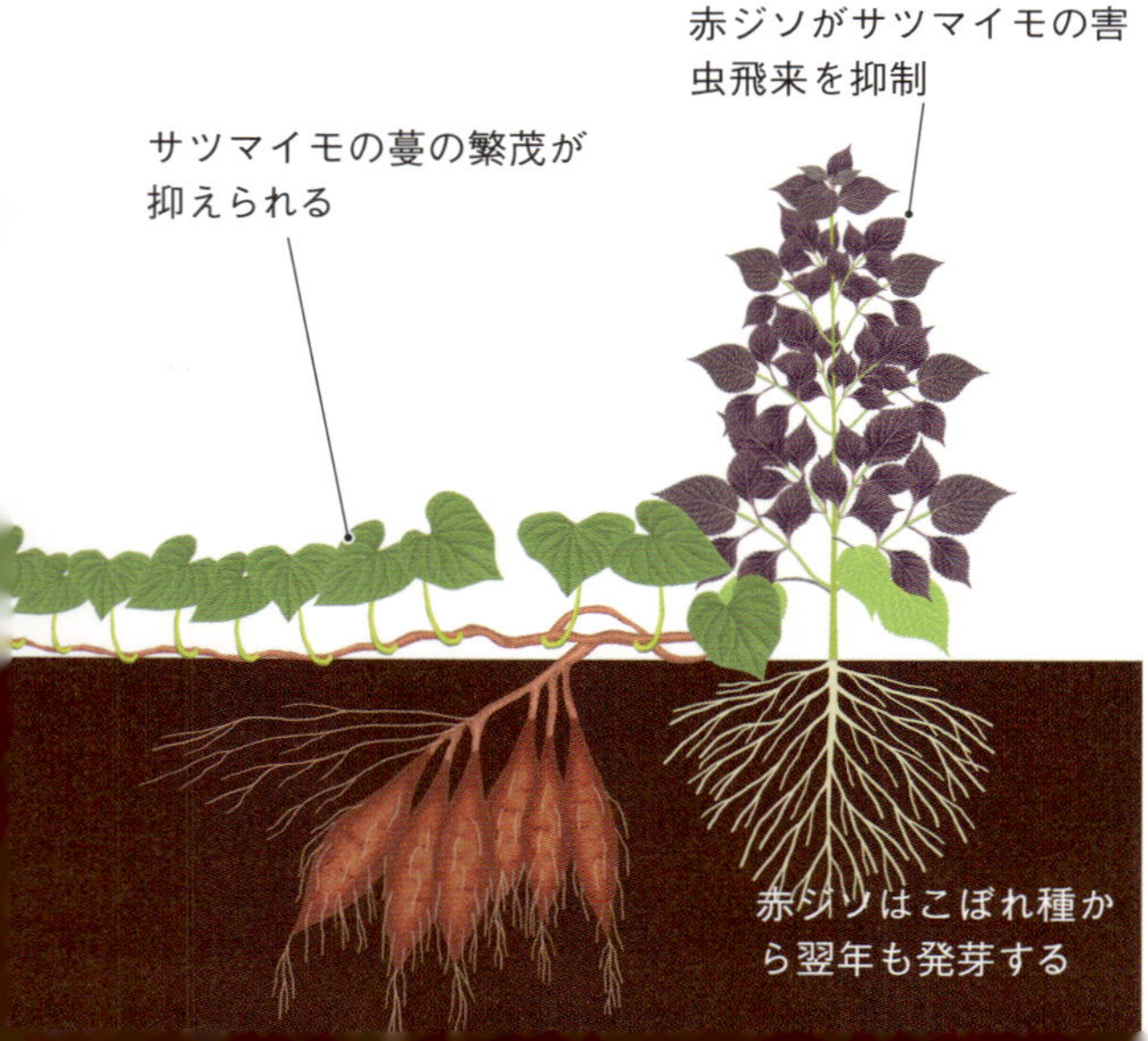

どう植える？

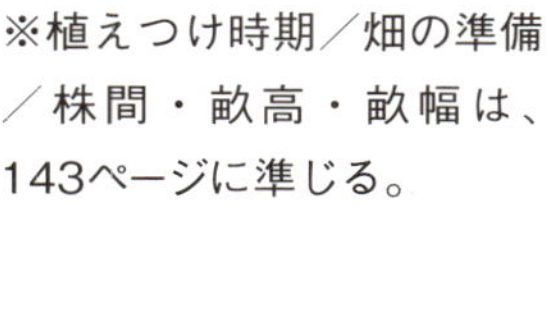

※植えつけ時期／畑の準備／株間・畝高・畝幅は、143ページに準じる。

ササゲは、１穴に３粒まく。ササゲをダイズに代えることも可能
サツマイモは、普通栽培と同じように斜めに植えつける

こうなる！

ササゲはさやがはじける前に収穫。ダイズの場合は、エダマメとして利用する

根粒菌が固定した窒素を、サツマイモが利用。蔓が旺盛に伸びる

裏ワザ④

ササゲとの混植

養分が供給され荒れ地でも栽培可能

ササゲはマメ科植物なので、根に根粒菌が共生して大気中の窒素を地中に固定します。窒素は、植物の生長に欠かせない成分なので、ササゲとの混植は荒れ地でのサツマイモ栽培に向きます。苗は普通栽培と同じように用意して植えつけ、株間にササゲの種を3粒まき、発芽したら子葉の形のよい2本を残します。生育初期はササゲが勝り、サツマイモの間に伸長します。ササゲはさやがはじける前に抜き取り、サツマイモは通常通り収穫します。

サトイモ

●分類　サトイモ科
●原産地　マレー半島

しっかりと土寄せする

サトイモは、23～28℃の高温で湿度が高い環境を好みます。東南アジアの根菜農耕文化では、主食とされてきました。種イモから親イモが育ち、まわりに子イモ、孫イモ、ひ孫イモがつきます。

種イモの植えつけは、株間50cm×深さ15cmの植え穴を掘り、芽を上に向けイモを並べ、土をかぶせます。主茎葉が伸長して30～50cmになったら、1回目の土寄せを軽く行います。2回目の土寄せは、子イモの茎葉が発生してきたら行い、子イモの芽が埋まるようにしっかり土を寄せます。

サトイモは乾燥を嫌うので、乾燥が激しい場合には、株元にたっぷりと灌水します。

収穫は、霜が降りる前に行います。地際で茎を切り取り、スコップや鍬などで、イモを傷つけないように掘り上げます。

収穫したイモを次年度の種イモとして利用する場合は、親イモについた子イモ・孫イモを、切り離さずにそのまま保存します。畑に深さ70cmの穴を掘り、芽を下に向けて逆さにして、地表10cmまで積み上げます。そして、もみ殻などを重ねたら、土は地表から20cm程度盛り上げます。

関東以西では、茎葉が霜で枯れる頃に、茎葉を残したまま株元に土を寄せると、畑に植えたまま冬越しできます。茎葉を切り取ってしまうと、イモの呼吸が抑えられ、越冬が難しくなるので、枯れていても、茎葉は必ず残します。

基本の植えつけ

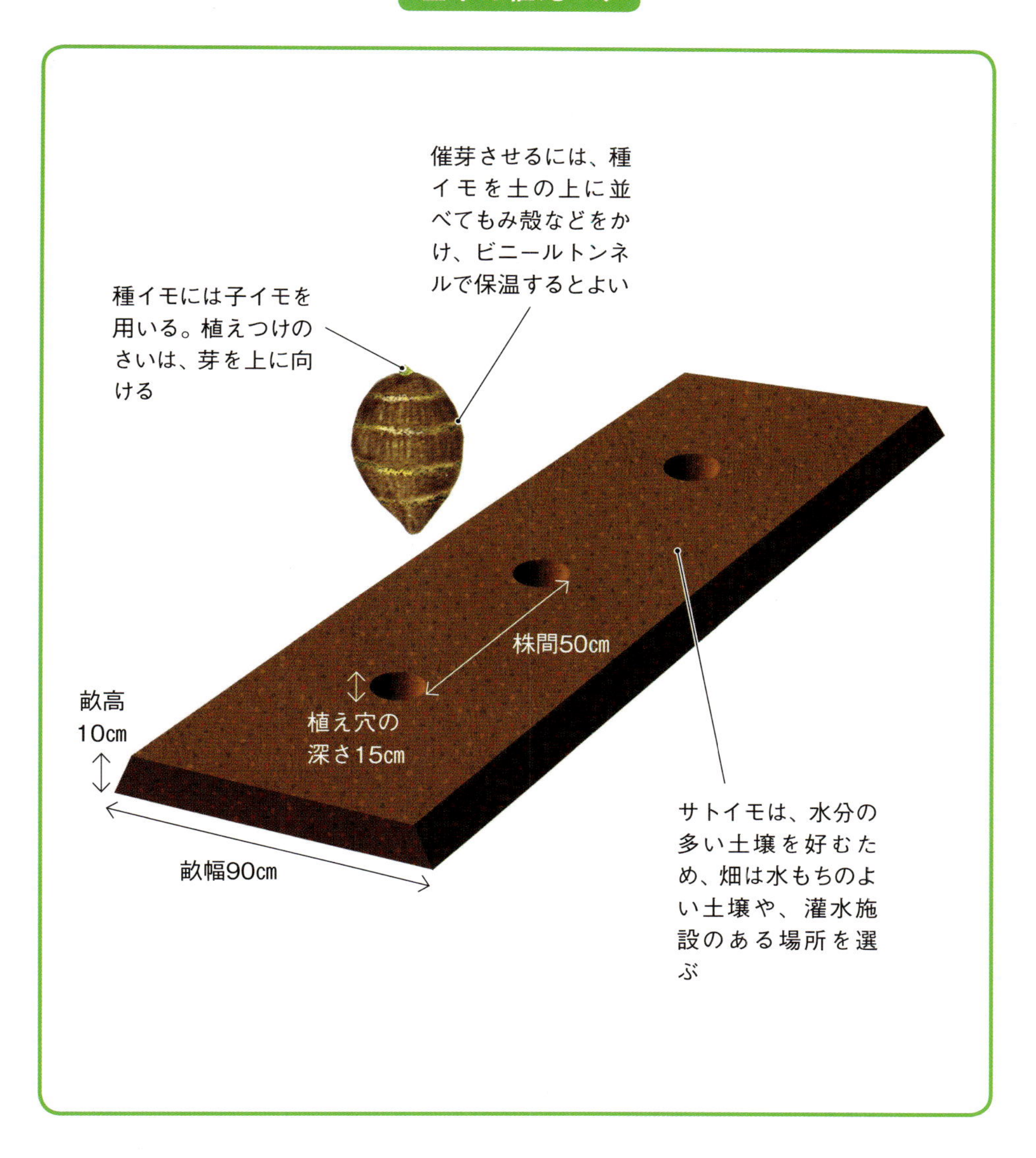
催芽させるには、種イモを土の上に並べてもみ殻などをかけ、ビニールトンネルで保温するとよい
種イモには子イモを用いる。植えつけのさいは、芽を上に向ける
株間50cm
畝高10cm
植え穴の深さ15cm
畝幅90cm
サトイモは、水分の多い土壌を好むため、畑は水もちのよい土壌や、灌水施設のある場所を選ぶ

植えつけ時期

一般地　4月下旬～5月上旬
寒冷地　5月上旬～5月中旬
温暖地　4月中旬～4月下旬

畑の準備

植えつけの2週間以上前に、堆肥と有機質肥料を施用してよく耕しておく。

裏ワザ 1

逆さ植え

土寄せがいらず品質が高まり、病害虫に強くなる

※植えつけ時期／畑の準備／植え穴の深さ・株間・畝高・畝幅は、151ページに準じる。

種イモの芽を下に向ける植えつけ方法です。一般の栽培書などではタブーとされる植え方ですが、篤農技術として伝えられてきました。

逆さに植えられた種イモは、土の圧力を受けながら萌芽するため、抵抗性が誘導されて病害虫に強くなります。また、根が普通栽培より深い位置に伸びるため、乾燥の影響を受けにくくなります。さらに、子イモからの発芽が抑えられるので、土寄せの手間が減ります。

発芽直後の芽は下に向かって伸び、その後地上に出るため、畑は植えつけ前に深く耕しておきます。種イモは、3～5㎝ほど芽が出たら、芽の部分を下にし、丁寧に植えつけていきます。

このさい、芽を折らないように注意します。

種イモから発芽した芽は、最初は下に向かって伸びていきます。その後、地上部に向かって反転して伸長し、親イモを形成します。このため、親イモの形成位置は、種イモより下方か、あるいは同じくらいの位置となります。子イモや孫イモも深い位置に形成されるため、子イモからは茎葉が出にくくなります。そのため、土寄せの作業が必要ありません。また、根は地中の深い位置に伸びるので、乾燥の影響を受けにくくなり、高品質のサトイモを収穫できます。さらに、逆さ植えでは、孫イモやひ孫イモも大きく育ち、子イモと同じくらいの大きさになります。

どう植える？

芽を下に向ける
種イモから出た芽は、一度下に向かい、その後、上を向いて親イモを形成する

こうなる！

逆さ植え
普通栽培
子イモ、孫イモ、ひ孫イモの大きさはあまり変わらない
脇芽が伸びにくく、土寄せは不要
ひ孫イモ
孫イモ
親イモ
子イモ
種イモ
子イモから脇芽が伸びるので、土寄せが必要
ひ孫イモ
孫イモ
子イモ
親イモ
子イモ→孫イモ→ひ孫イモの順に、小さくなる
種イモ

裏ワザ②

親イモそのまま植え

収量が1・5倍に増える

一般的なサトイモ栽培では、子イモを種イモとします。親イモは大きいため、種イモとして取り扱うのが不便で、ほとんどは廃棄されてしまいます。しかし、イモが大きいということは、貯蔵している栄養分も多いということを意味します。そのため、親イモを種イモとして植えつけると、子イモに比べ萌芽が早く、その後の生育も旺盛になり、収量は約1・5倍に増えます。

種イモは大きいため、植えつけのさいの株間は、普通栽培より広い60cmとし、植え穴の深さも20cmとします。なお、種イモを親イモとする場合でも、逆さ植えにすることができます。

芽が伸長してからの草勢は強く、子イモからも盛んに茎葉が伸びます。そのため、土寄せは2～3回行い、子イモの茎葉を土に埋めます。

ただし、親イモを種イモとする場合は、事前にその土地への適応性を高める必要があります。サトイモは、その土地への適応性を高めるため芽条変異(芽の細胞における遺伝子の突然変異)が生じやすい野菜です。とくに子イモや孫イモでは芽条変異が起こりやすいので、3～4年間は子イモや孫イモを種イモとして栽培し、適応性を高めます。その後、親イモを種イモにして毎年栽培します。

なお、親イモは冬の間、土の中で保存します(150ページ)。

※植えつけ時期／畑の準備／畝高・畝幅は、151ページに準じる。

どう植える？

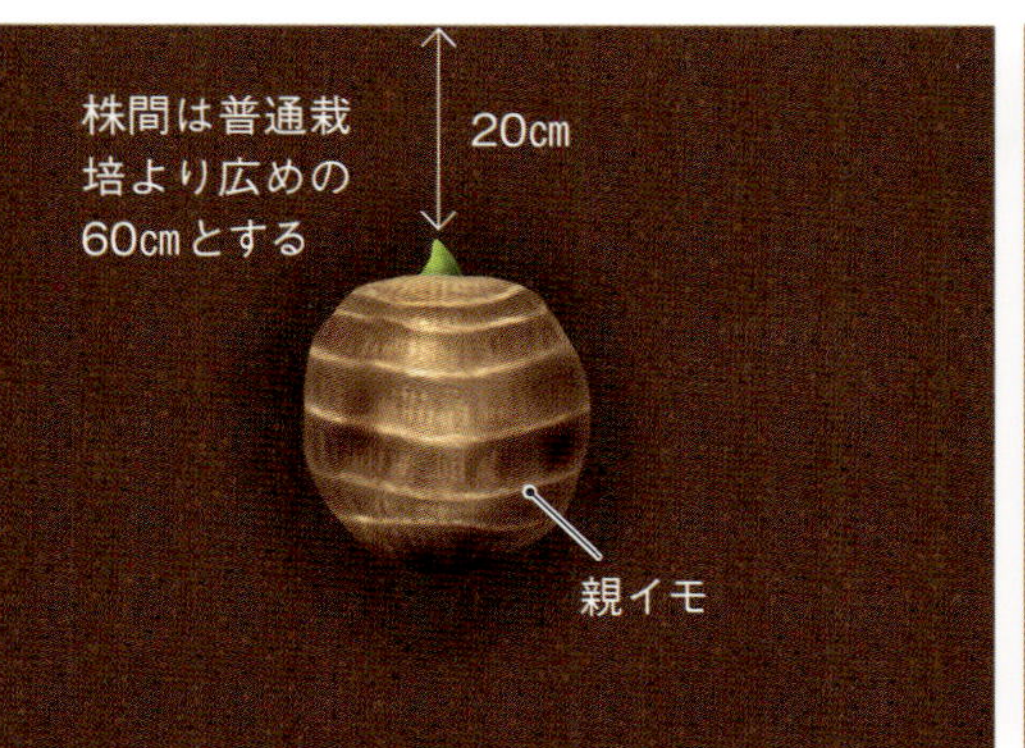
親イモそのまま植え
株間は普通栽培より広めの60㎝とする
20㎝
親イモ

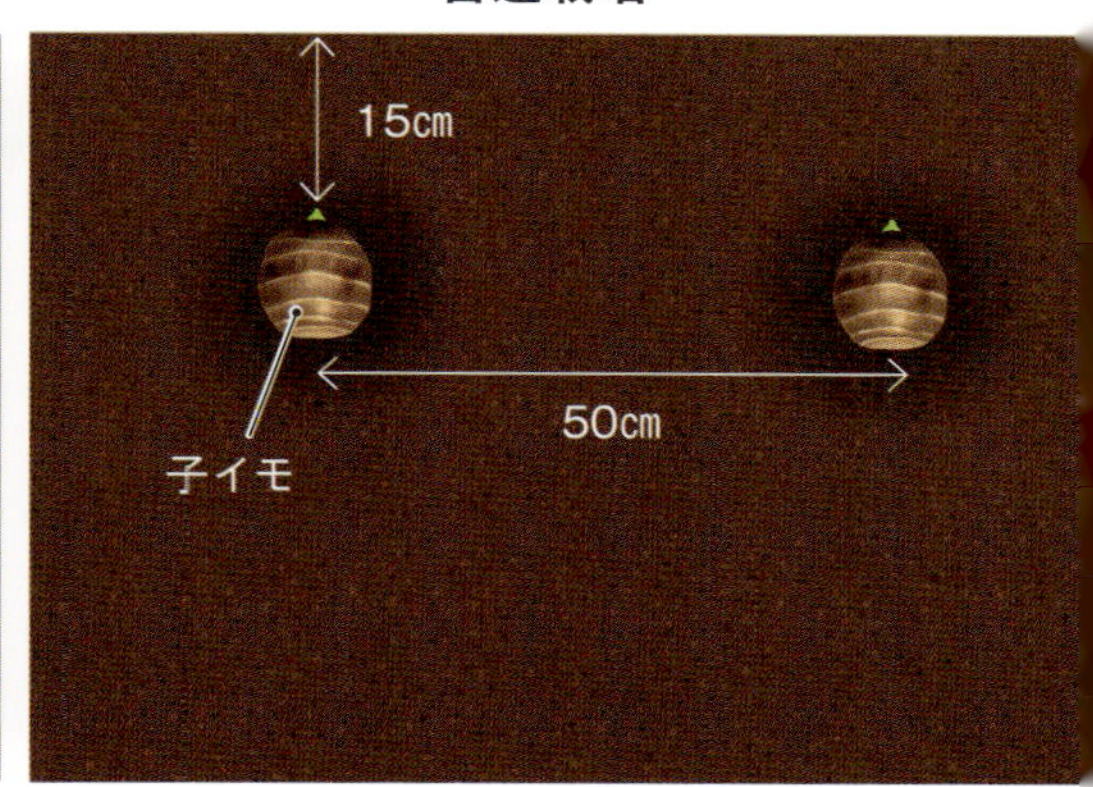
普通栽培
15㎝
50㎝
子イモ

こうなる！

親イモそのまま植え
普通栽培
子イモからも旺盛に脇芽が伸びる
子イモや孫イモがたくさんつき、収量は普通栽培の1.5倍となる
親イモそのまま植えに比べ、親イモは小さく、子イモや孫イモの数も少ない

裏ワザ③

ショウガとの混植

品質が高まり、空間をうまく利用できる

※植えつけ時期／畑の準備／植え穴の深さ・株間・畝高・畝幅は、151ページに準じる。

サトイモとショウガは、ともに土寄せが必要な野菜です。土寄せは、サトイモの子イモの茎葉が発生したら、ショウガといっしょに行います。サトイモは、株の南北で土寄せの方法を変えます。南側は、子イモの茎葉を埋めるようにしっかり土を寄せ、北側はショウガが埋まらないよう注意しながら、軽く土を寄せます。サトイモの土寄せには、追肥と同じ効果があります。しかし、ショウガとの混植の場合、土寄せは1回ですませたいので、有機質肥料を施し、土を寄せます。

ショウガは、必要に応じて適宜収穫し、利用していきます。そして、霜が降りる前に、サトイモと残ったショウガを一斉に収穫します。

サトイモは、長く伸びた茎の先端に大きな葉を広げるため、株元には空間と日陰ができます。そこで、この空間を利用し、日陰でも生育するショウガを植えつけます。

両者をいっしょに植えることで、サトイモはショウガに日陰を提供し、ショウガはサトイモの株元を乾燥から守るという共栄関係が生まれます。さらに、好適な条件で栽培されるため、サトイモはやわらかく粘り気のあるイモとなり、ショウガも香りがよくなって、ともに品質が高まります。

サトイモは、東西畝に植えつけます。逆さ植えでもかまいません。そして、畝の北側に種ショウガを植えていきます。

どう植える？

種ショウガは、50gほどの
塊に分けて植えつける

西

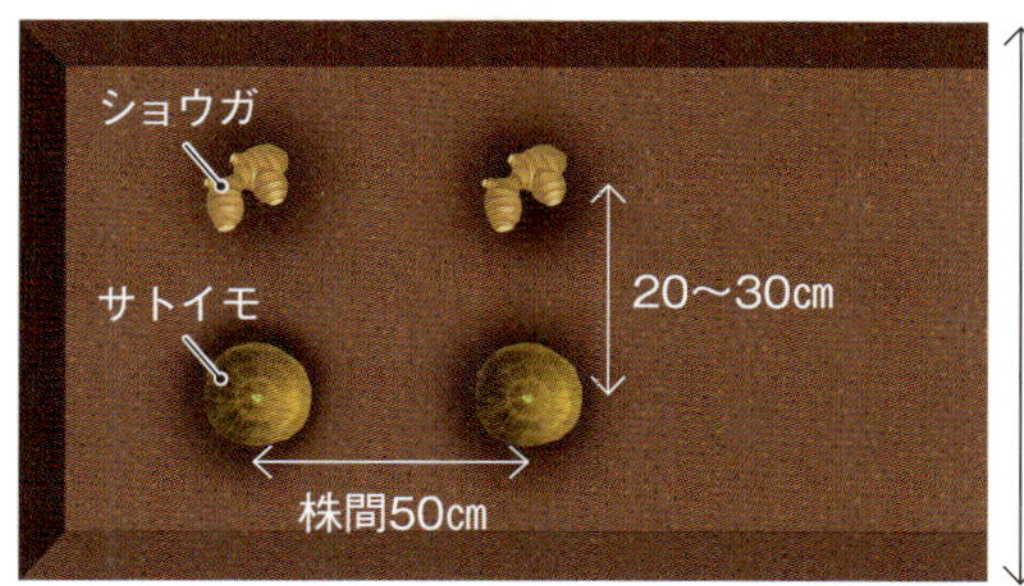
ショウガ
サトイモ
20〜30㎝
株間50㎝
畝幅
90
㎝

東

畝の向きが違う
とサトイモの葉に
よる日陰ができな
いため、必ず東西
畝とする

サトイモは芽を上に向け
て植える。逆さ植えでも
かまわない

こうなる！

西
南
北
東
サトイモの大き
な葉が日光を
遮り、株元に
日陰ができる
ショウガは、サト
イモの葉の陰で
大きく育ち、サ
トイモの根元の
乾燥を防ぐ

ニンニク

●分類　ヒガンバナ科
●原産地　中央アジア

植えつけは薄皮をつけたまま

ニンニクは12〜23℃の冷涼な気候条件を好みます。低温には強く、マイナス10℃以下でも枯死しません。しかし、高温には弱く、28℃以上になると生育が停止します。

畑で育ったニンニクは、根元が球のようになっています。これはクローブと呼ばれ、小さな鱗片（ピース）が集まったものです。6片種（ピース）と8片種があり、品種によって異なります。ただし、生育の状態で数が変化することもあります。

畝を立てたら、深さ5cmの植え穴を掘り、株間10〜15cmで、薄皮をつけたままのピースを1片ずつ植えていきます。萌芽し、葉が30cm程度に伸長したら、畝の片側に有機質肥料を追肥して、土を寄せます。さらに、その4週間後に反対側にも有機質肥料を追肥して、土を寄せます。

株間を5〜7cmの密植とし、1株ごとに間引いて葉ニンニクとして利用する栽培方法もあります。冬の間、乾燥が激しい場合には、晴天の暖かい日を選んで灌水します。

鱗片が肥大し、地上部が8割程度枯れたら、収穫の目安です。晴天の続く日に抜き取り、茎と根を切り落として2〜3日乾燥させます。乾燥したら10球ほどを束ねて、風通しのよい日陰に吊るして保存します。上手に保存すると、次の年の収穫期頃まで利用できます。また、保存したものの一部は、次の年の種球にも使えます。

基本の植えつけ

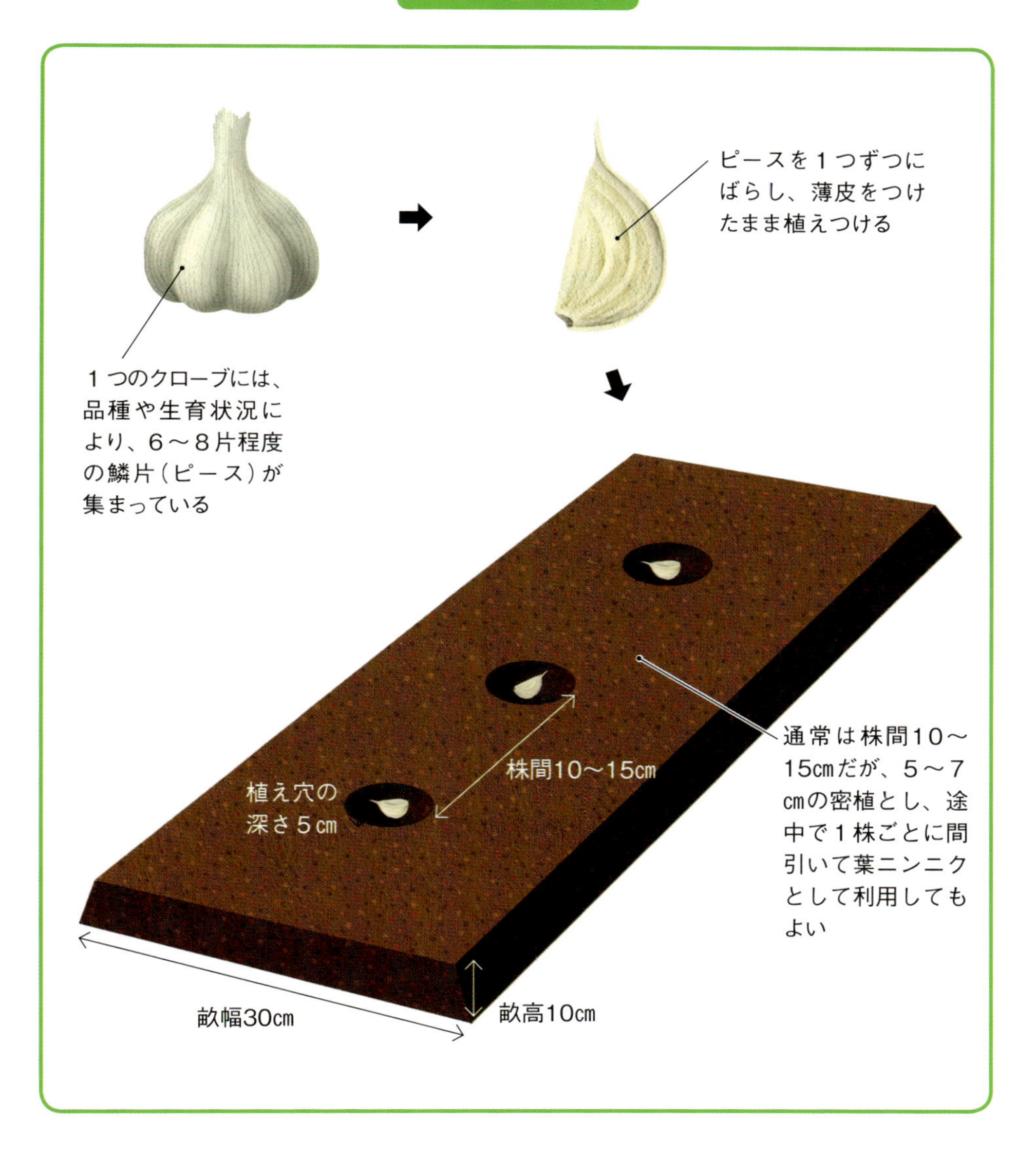

植えつけ時期

一般地　９月中旬～９月下旬
寒冷地　９月上旬～９月中旬
温暖地　９月下旬～１０月上旬

畑の準備

生育期間が９月～翌６月と長いため、しっかり土づくりをする。植えつけの３週間以上前に、堆肥と、油粕や米ぬかなどの有機質肥料を施用し、よく耕す。

裏ワザ1

ツルツル植え

収穫量が増え病気の発生も防げる

ニンニクの種球の薄皮には撥水性があり、そのまま植えると、萌芽が遅くなり、越冬前の葉数が少なくなります。また、病原菌にも感染しやすくなります。そこで、薄皮をむいてツルツルの種球にして植えつけます。皮つきと皮なしの萌芽を比べると、皮なしのほうが3～4日早くなり、葉数も1～2枚多くなります。ニンニクは、12月～翌3月に葉でつくられた炭水化物を根に保存します。葉数の違いは養分の貯蔵に影響し、ツルツル植えのほうが大きく肥大し、収量も多くなります。

どう植える？

※植えつけ時期／畑の準備／株間・畝高・畝幅は、159ページに準じる。

丁寧に薄皮をむき、真皮がむき出しのツルツル状態にする

普通栽培と同じように、株間10～15㎝で植えつける

こうなる！

葉数が多くなり、冬の間の養分の貯蔵量が増え、鱗片が大きく育つ

春腐病にかかりにくくなる

第2章

植えつけと種まきの基礎知識

種を直接まく？　苗を植えつける？

野菜の種類や利用目的によって選ぶ

自然の中に生える植物は、温度や水分などの環境条件が整ったときに発芽し、芽生えた場所に適応しながら生育していきます。

一方、畑で野菜を栽培する場合は、人の手によって種まきや苗の植えつけが行われます。

そのため、植物がもともと持っているさまざまな性質を生かし、自然に適応していく能力を発揮させると、高品質な野菜をつくることができます。そして、野菜の種類や利用目的よって、種を畑に直接まく直まきか、苗を育成して畑に植えつけるかを選んでいきます。

直まきを行う野菜の代表は、ダイコン、ニンジン、カブ、ゴボウなどの根物野菜や、ホウレンソウ、コマツナなどの葉物野菜です。これらの野菜は、苗をつくって植えつけると根を傷めてしまい、うまく生育しません。そこで、基本的に直まきで栽培します。また、直まきの場合は土や気温の影響を受けやすくなり、生育温度にならないと、種をまくことができません。このため、施設を用いない家庭菜園では、旬に栽培することが多くなります。

苗を植えつける場合では、暖かかったり、冷涼な環境で苗を育てることで、収穫時期を早めたり、遅らせたりすることができます。

トマト、ナス、ピーマン、トウガラシ、キュウリ、カボチャ、スイカ、ゴーヤーなどの夏の実物野菜は、保温することで苗の生長を早めて、畑に種を直まきした場合より、早くから収穫できるようにしています。

一方、ブロッコリー、ハクサイ、キャベツなど秋冬のアブラナ科野菜は、冷涼なところで育苗します。他にも、長ネギ、タマネギ、レタスなどは、苗を植えつけて育てるのに向く野菜です。

苗により時間と空間の効率利用

苗を植えつける場合、前作を栽培中に、次の株の苗を、前作の株元や畝間などに植えることができるため、時間と空間を効率的に利用できます。

ちなみに、エダマメ、インゲンマメ、エンドウマメ、ソラマメなどマメ科野菜、トウモロコシ、オクラなどは直まきと苗の植えつけどちらにも向く野菜です。前作や後作など野菜の作付け体系を考えて、直まきか苗を植えつけるか決めます。

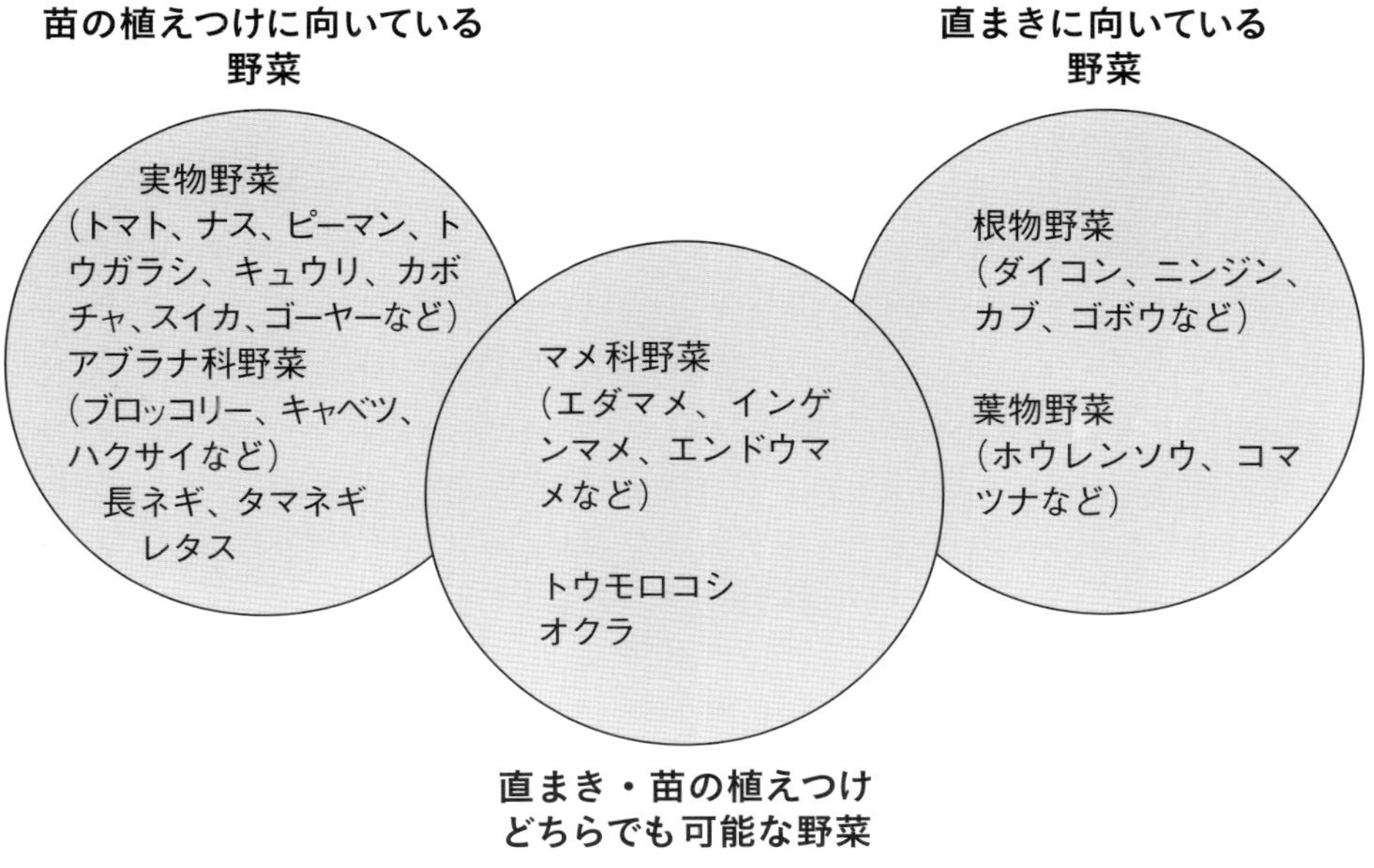

苗の植えつけに向いている野菜

実物野菜
（トマト、ナス、ピーマン、トウガラシ、キュウリ、カボチャ、スイカ、ゴーヤーなど）
アブラナ科野菜
（ブロッコリー、キャベツ、ハクサイなど）
長ネギ、タマネギ
レタス

直まきに向いている野菜

根物野菜
（ダイコン、ニンジン、カブ、ゴボウなど）

葉物野菜
（ホウレンソウ、コマツナなど）

直まき・苗の植えつけどちらでも可能な野菜

マメ科野菜
（エダマメ、インゲンマメ、エンドウマメなど）

トウモロコシ
オクラ

直まきの基礎知識

畑への適応性が高まる

植物は、気候や土壌などの周囲の環境条件に適応しながら発芽します。そのため、畑に直接種をまくと、その土地への適応性が高まり、草勢が強くなります。また、直まきでは、育苗や苗の植えつけの手間がかからないのも魅力です。

種の発芽には、温度・水分・酸素が必要です。露地栽培では、水分と酸素を確保することは可能ですが、温度は確保できません。このため直まきでは、発芽温度に達してから種をまきます。

水分や酸素は、土を鎮圧したり散水したりすることで補います。たとえば、ニンジンやホウレンソウなどの種を、種まき後に鍬や足で鎮圧して土と密着させるのは、そのためです。

また、植物によっては、集団で育つのを好むものもあります。代表的なものに、ニンジンやホウレンソウ、ダイコン、コマツナ、カブなどがあります。これらの野菜は、集団で種をまかれることで、競い合って一斉に発芽し、発芽率と発芽揃いがよくなります。さらに、苗同士が助け合って土の中に根を伸ばしていくので、1株で植えるより生育がよくなります。

ただし、そのままでは混み合って1株1株が十分に育ちませんので、2~3回に分けて間引きます。

直まきの裏ワザ①

野菜の生育がよくなる

土壌の3層立体構造づくり

直まきでは、移植に比べ土づくりが重要です。まず、種まきの3週間以上前に完熟堆肥や有機質肥料を施し、深さ20cmまでよく耕しておきます。

その後、耕し方を工夫することで、土壌の3層立体構造をつくります。種には、発芽するのに十分な栄養分があるので、発芽の際には土に栄養分は必要ありません。その後、本葉が開く頃になると、野菜自身がしっかり根を伸ばし、土中から栄養分を吸収するようになります。そこで、畑の土を①発芽～生育初期に利用する層（ナメラカ層）、②活発に生育する時期に利用する層（コロコロ層）、③水もちや水はけをよくする層（ゴロゴロ層）の3層にすると、生育がよくなります。

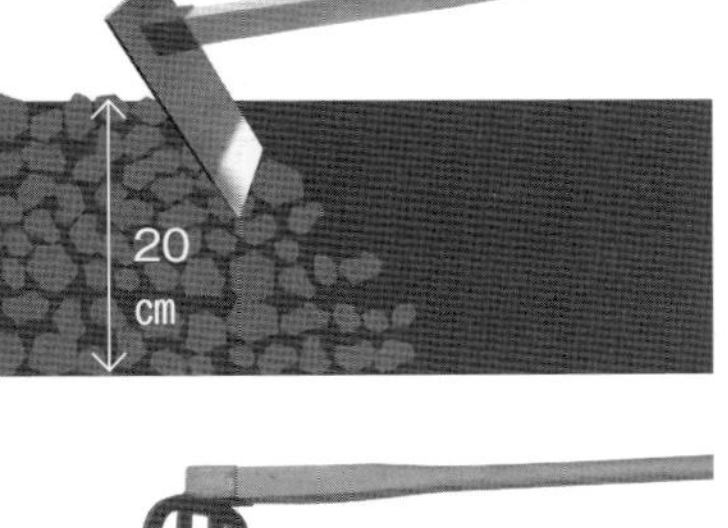

1 深さ20cmまでを鍬で荒く耕す。

2 15cmまでを鋤でやや細かく耕す

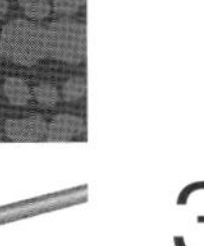

3 最後に、5cmまでをレーキで細かく耕す

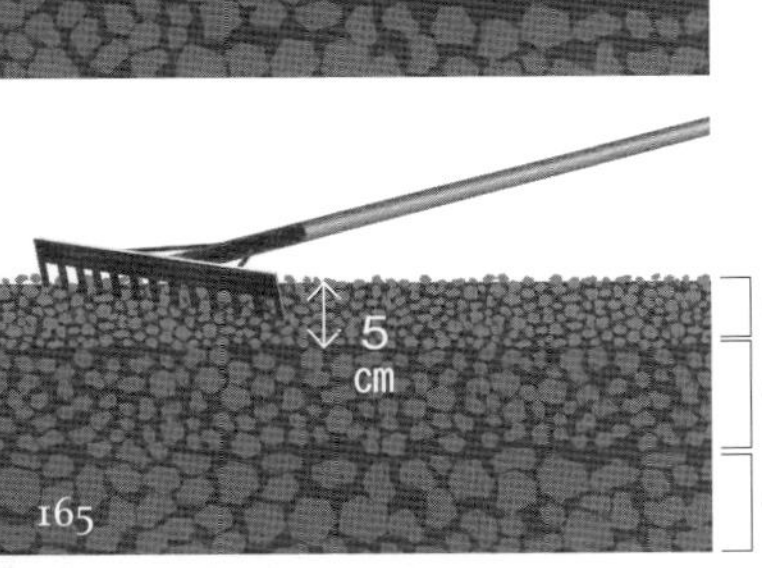

種まき当日か、1～2日前には、ナメラカ層をレーキなどで耕し、雑草が生えてくるのを防ぐ

苗の植えつけの基礎知識

栽培時期の調整が可能

苗を育てて植えつける場合はさまざまなメリットがあり、たとえば、発芽温度に満たない時期のうちに、保温により、種まきと育苗が可能になります。そのため、植えつけや収穫時期を早めて栽培できます。逆に、暑い時期に涼しい環境をつくれば、寒い時期の苗もつくれます。販売されている苗を利用してもよいでしょう。

また、雑草は苗の植えつけ後に生えてくるので、雑草防除は、直まきに比べ容易になります。

ただし、育苗中の環境と植えつけ後の畑の環境は、温度や水分などの点で大きく異なります。このため植えつけにはさまざまな工夫が必要です。

直まきと苗の植えつけがともに可能な野菜の種まき

トウモロコシやオクラなど、直まきと苗での植えつけ、どちらの方法でも栽培が可能な野菜の場合、畑への種まきと、ポリポットへの種まきは、基本的に同じ方法で行えます。

たとえば、エダマメ、インゲンマメ、エンドウマメなどは、1穴（ポット）に1粒まいて1本に仕立てるか、3粒まいて、発芽後に生育のよい2株を残して1本を間引きます。1粒でまくと種の量を節約でき、3粒でまくと、競い合って根を深い位置まで伸ばすことができるため、その後の生育がよくなります。

植えつけの
裏ワザ①

ブクブク植え

植えつけ後の苗がしっかり根を張る

植えつけの2週間前になったら、植えつけ後の水分ストレスを少なくするため、苗への灌水量はやや少なくして、乾燥に慣らしていきます。また、育苗温室を使っている場合は、植えつけの4～5日前に外に出し、外気温に慣らします。

夏野菜は、植えつけ当日、早朝に十分に吸水させます。苗の入ったポリポットを水が入ったバケツに入れ、ポットの空気がブクブクと抜けるまで水に浸します。次に、バケツから取り出し、日陰で2～3時間放置し、葉先まで十分吸水させてから植えつけます。なお、植えつけ後3～4日は水やりを控えます。水をやらないことで、苗の根は水分を求め深く伸びようとするからです。

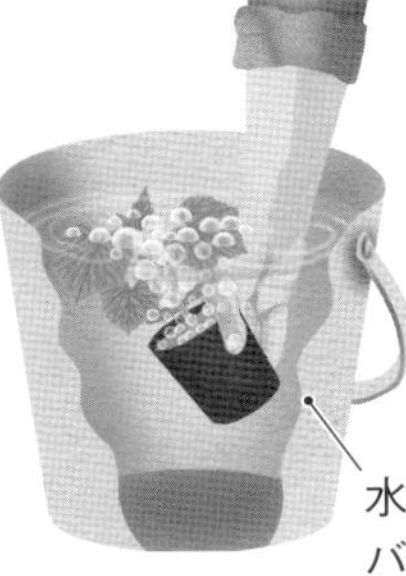

ブクブクと気泡が出終わるまでバケツにつけ、吸水させる
水を入れたバケツ

風のない明るい日陰に2～3時間置き、葉先まで水を行き渡らせる

苗の茎葉や根鉢にはたっぷりと水分が蓄えられている

株元を押さえ、根鉢と周囲の土を密着させる

水やりはしない

植えつけの裏ワザ②

植えつけ後の生育がよくなる
午前中植え／夕方植え

苗は、植えつけのタイミングによって、生育に違いが出ます。トマト、ナス、ピーマン、キュウリ、カボチャ、スイカなどの夏野菜は、晴天の午前中に植えつけます。日照時間が長く、気温の高くなる夏に向かって生育するため、畑に植えられた当日に、長時間の日照と高温に遭遇させると、生長のリズムが生まれ、旺盛に生育します。

一方、ブロッコリー、ハクサイ、キャベツなどの秋冬野菜は、日照時間が短く、気温の低くなる冬に向かって生育します。生長のリズムをつくるため、畑に植えられた当日は、日照時間を短くし、低温状態にさらしたいので、曇天の夕方に植えつけます。

午前中植え

晴天の午前中が夏野菜の植えつけタイミング。畑に植えられた当日に、長時間の日照と高温に遭遇させる

夕方植え

曇天の夕方が、秋冬野菜の植えつけタイミング。畑に植えられた当日は、短時間の日照と、低温に遭遇させる

苗づくりの基礎知識

野菜づくりは苗7分作

野菜栽培において苗づくりは大切な作業で、「苗5分作」「苗7分作」といわれるほどです。

種をまく場所は、野菜の特性に合わせ、播種箱、ポリポット、畑につくられた播種床の大きく3つに分けられます。播種箱の場合、肥料成分の少ない清潔な土を用います。発芽後、本葉が1・5～2枚になったら、堆肥や有機質肥料がよくなじんだ土の入ったポットに鉢上げします。

野菜の中には、集団で種をまかれることで発芽や生育がよくなるものがあります。トマト、ナス、ピーマン、トウガラシなどの夏野菜や、ブロッコリーやキャベツなどの秋冬野菜が代表的で、播種箱には間隔を狭くしてまいていきます。

一方、カボチャ、スイカ、ゴーヤーなどのウリ類は、集団で種まきされることを嫌います。発芽すると、胚軸（はいじく）についたペグ（突起のようなもの）で種皮を外して地上に伸びるため、種と種がぶつからないよう、1つのポットに1粒ずつまきます。また、ハクサイも集団で種まきされるのを嫌うため、種どうしの間隔をあけます。

夏野菜は、発芽に高い温度が必要なため、播種箱やポットは、ビニールトンネルなど保温できる場所に置きます。秋冬野菜は冷涼な気候を好むため、日陰など涼しい場所で管理します。

苗づくりの裏ワザ①

病気に強く丈夫な苗に育つ
2層式苗づくり

種には、発芽するのに十分な栄養分があるため、発芽のさいには栄養分はほとんど必要ありません。しかし、本葉が展開する頃になると、土からの栄養分が必要になってきます。そこで、育苗するポリポットには、栄養分の少ない用土と栄養分に富んだ用土を、2層に分けて入れます。

9cmポットの場合、完熟堆肥や有機質肥料を混和してよくなじませた土を、ポットの底から5cm詰めて、その上に肥料分を含まない赤玉土を3cm詰めます。鉢の上部2cmは、灌水した水があふれないようウォータースペースとしてあけておきます。

種は赤玉土の層にまく

赤玉土の層

完熟堆肥や有機質肥料を混ぜてなじませた土の層。本葉が開く頃に、伸びてきた根がこの層の栄養分を吸収する

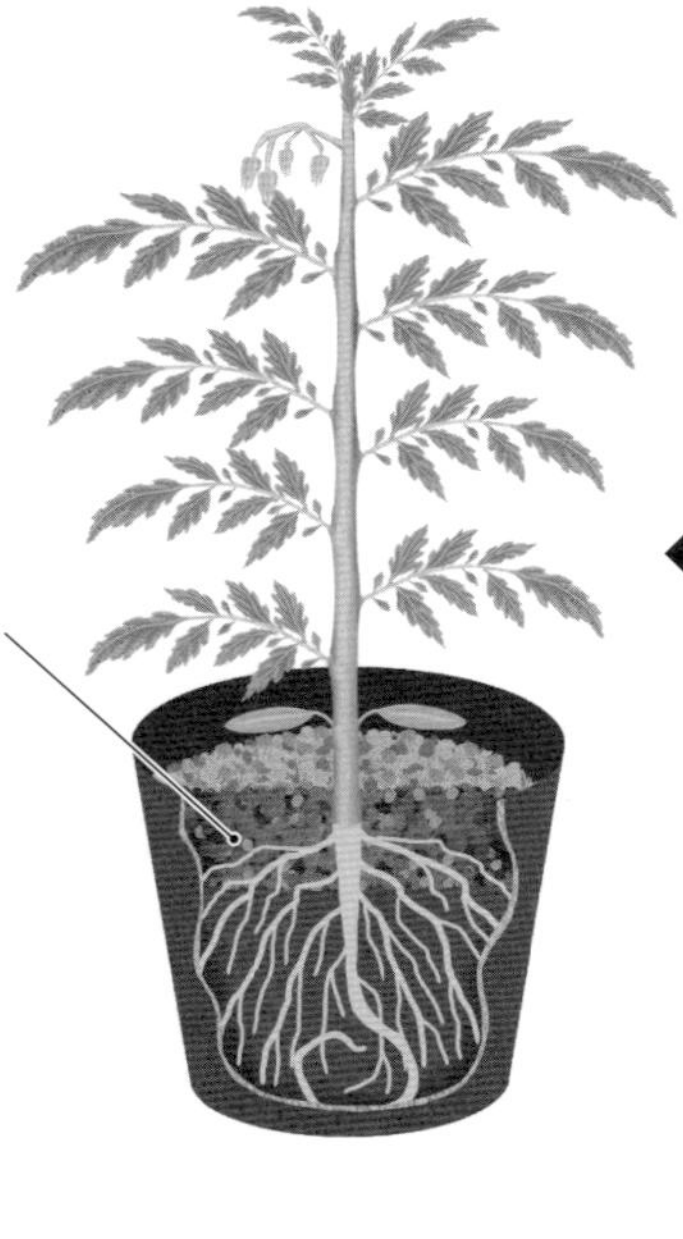

土を2層にすることで、根がすっきり伸び、病気が発生しにくくなる。すべてを養分が多い土にすると、根があまり伸びず、病気が発生しやすい。逆に、養分が少ない土だけだと、養分を求めて根が伸びすぎ、ポットの中でとぐろをまく

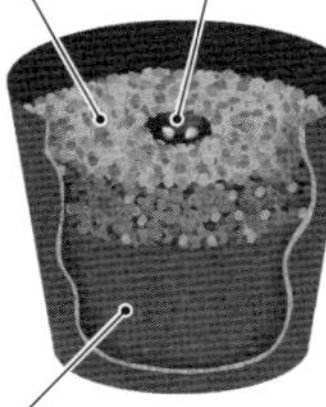

苗づくりの裏ワザ②

発芽時期を早める
種の冷湿処理

種は、吸水をすると、酵素が活性化されて、発芽の準備に入ります。そのとき、発芽温度に達していると芽を出しますが、温度が低いと、発芽しません。しかし、低温状態でも、酵素が活性化されると、貯蔵養分の分解など発芽の準備が行われ、野菜の生育ステージ（齢期）が進みます。

トマトなど温暖な気候を好む野菜は、12℃以上が発芽温度となります。そこで、種を1晩水に浸し、ぬらしたキッチンペーパーなどにくるみビニール袋に入れ、冷蔵庫の野菜室など8～12℃の低温状態に1か月おいてから土にまくと、生育ステージが進んでいるため、発芽してからの生育が1週間程度早まります。

種の吸水と催芽

種の発芽時の吸水は、第1次吸水、第2次吸水、第3次吸水の3段階に分けられます。

第1次吸水では、種の表面や吸水口から吸水します。酵素が活性化し、種に蓄えられた貯蔵養分が分解され、代謝や組織分化に利用できる形に変化します。

第2次吸水では組織の分化が始まり、芽の部分が肥大します。

第3次吸水では、根が分化し吸水を始めます。

第2次吸水までの種は、乾燥しても枯死することはなく、水を与えれば発芽を再開します。

しかし、第3次吸水の段階で乾燥させると、枯死します。畑に直まきした場合でも、同じことが起きます。

苗づくりの裏ワザ③

耐寒性／耐暑性が高まる

低温／高温処理

野菜には、それぞれ生育適温があります。しかし、一時的なら、適温の範囲を超えた高い温度にさらされたり、低い温度に遭ったりしても、枯れずに、さまざまな生理反応が生じることがあります。

たとえば、ダイコンやニンジンなど春に花を咲かせる野菜は、低温に遭遇させると花芽が分化します。また、夏に休眠するタマネギやニンニクを高温に遭遇させると、休眠から覚めます。本葉3枚までの頃に、トマトやピーマンなどは8～12℃の低温にさらすと耐寒性が増し、逆にキャベツやレタスなどは、23～28℃の高温にさらすと耐暑性が増します。

苗づくりの裏ワザ④

土をかけず発芽率アップ

パラパラまき

レタスなどの野菜は、発芽のさいに光が必要な「好光性種子」です。このため、他の野菜のように、種をまいた後に土をかけると、発芽しない場合があります。

レタスの苗をつくる場合、ポリポットに十分散水したら、種を表面にパラパラとまき、光が当たるよう土はかけません。乾きそうになったら、鉢底から吸水させて水やりをします。

ゴボウなど、苗をつくらず直まきをする野菜の中にも、「好光性種子」のものがあります。種まきのさいは、畑に鍬の柄などを押しつけて深さ3～5㎝のくぼみをつくり、種を底にパラパラとまき、光が当たるよう土はかけません。

苗づくりの裏ワザ⑤

病気に強くなる

胚軸切断挿し木法

本葉展開〜本葉3枚までの間に胚軸が切断されると、通常は無菌状態の植物の中に、微生物が侵入してきます。すると、植物の中に眠っていた抵抗力が高められ、病害虫に強い苗をつくることができます。

苗が、本葉展開〜本葉3枚に生育したら、胚軸部から切り取り、挿し穂をつくります。挿し穂は水に浸し2時間吸水させ、鹿沼土やローム土などの栄養分を含まない土に挿し木します。4〜5日で発根するので、挿し木後10日で養分のある土に移植して、苗を育成させます。この方法は、トマト、ナス、ピーマン、キュウリ、カボチャ、ブロッコリー、ハクサイ、キャベツなどに向きます。

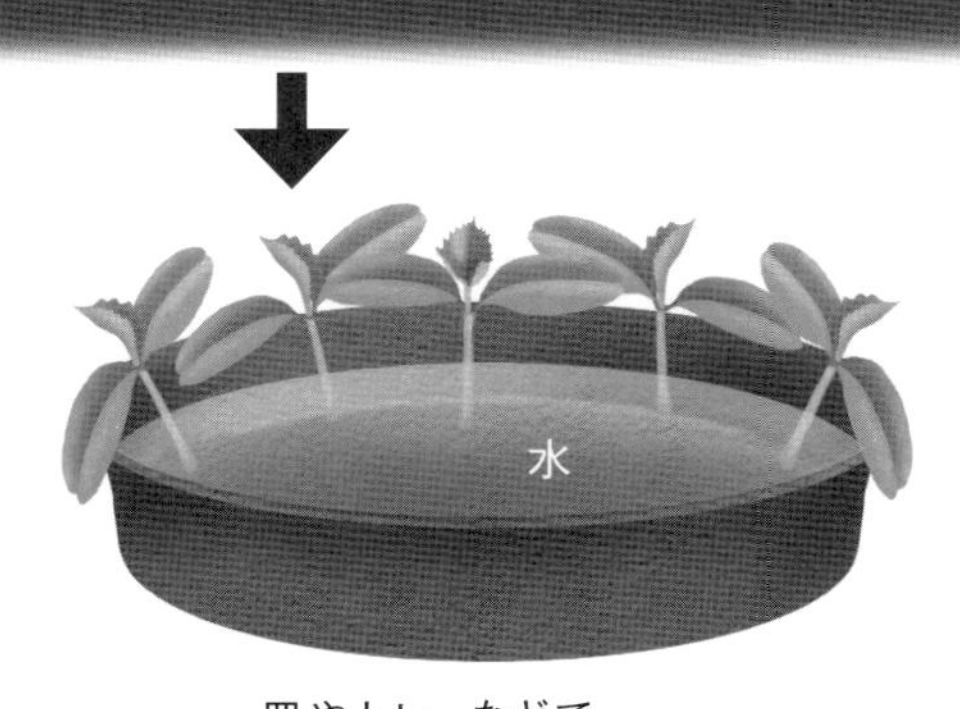

皿やトレーなどで
2時間程度吸水させる

ポリポットに挿し木する

科	野菜の種類	切断時の本葉枚数
ウリ科	キュウリ、スイカなど	0.5枚
ナス科	トマト、ナスなど	2枚
アブラナ科	ハクサイ、キャベツなど	1.5〜3枚

栄養繁殖の基礎知識

植えつけのたびに若返らせる

ジャガイモ、サトイモ、サツマイモ、ショウガ、ニンニクなどは、茎や根が地中で肥大したイモや、芽などを利用した栄養繁殖を行い、栽培をします。

これらの野菜は、種子繁殖も可能ですが、種まきから収穫までに2年以上の期間がかかってしまいます。

また、性質が固定されていないため、種から育った個体は、親とはまったく異なった形質になってしまいます。

栄養繁殖を行う場合、世代を更新せず、同じ個体を利用し続けると、株が老化してしまいます。このため、植えつけのたびに、分球や分割で世代を更新し、株を若返らせていきます。

茎が肥大あるいは変化した部分を繁殖するのは、ジャガイモやサトイモ、ショウガです。また、鱗片が肥大した部分を繁殖するのはニンニクで、根が肥大した部分を繁殖するのがサツマイモです。

なお、多年生の野菜で、種子繁殖が一般的なものでも、栄養繁殖は可能です。しかし、繁殖方法が難しいため、一般的には種から育てます。ただし、トマトのように挿し芽が容易な野菜は、栄養繁殖を行うことができます。

●STAFF

装丁・本文デザイン／仲 快晴（ADARTS）
イラスト／山田博之
校正／かんがり舎
レイアウト・DTP制作／明昌堂

●著者紹介
木嶋利男（きじま・としお）
1948年栃木県生まれ。東京大学農学博士。栃木県農業試験場生物工学部長、自然農法大学校長を経て、現在は農業・環境・健康研究所理事長、MOA自然農法文化事業団理事。科学技術庁長官賞、全国農業試験場会長賞などを受賞。著書に『伝承農法を活かす家庭菜園の科学』『「育つ土」を作る家庭菜園の科学』（いずれも講談社ブルーバックス）、『農薬に頼らない家庭菜園　コンパニオンプランツ』『もっとうまくなる　プロに教わる家庭菜園の裏ワザ』『伝承農法を活かす　マンガでわかる家庭菜園の裏ワザ』『農薬・化学肥料に頼らない　おいしい野菜づくりの裏ワザ』『野菜の品質・収量アップ　連作のすすめ』（いずれも家の光協会）などがある。

伝承農法を活かす
野菜の植えつけと種まきの裏ワザ

2016年４月１日　第１版発行
2018年２月８日　第８版発行

著　者　木嶋利男
発行者　髙杉　昇
発行所　一般社団法人 家の光協会
〒162-8448　東京都新宿区市谷船河原町11
電　話　03-3266-9029（販売）
03-3266-9028（編集）
振　替　00150 - 1 - 4724
印　刷　大日本印刷株式会社
製　本　大日本印刷株式会社

乱丁・落丁本はお取り替えいたします。定価はカバーに表示してあります。

ISBN978 - 4 - 259-56502 - 2 C0061